Unzulässigkeit der Verbauung verliehener Grubenfelder

nach österreichischem Rechte

unter besonderer Berücksichtigung der Judikatur des k. k. Verwaltungsgerichtshofes.

Von

Dr. Leo Lederer,

Advokat in Teplitz.

Springer-Verlag Berlin Heidelberg GmbH

ISBN 978-3-662-31791-4 ISBN 978-3-662-32617-6 (eBook)
DOI 10.1007/978-3-662-32617-6

Vorwort.

Es soll in gemeinverständlicher Darstellung gezeigt werden, daß verliehene Grubenfelder nicht verbaut werden dürfen, wenn hierdurch der Bergbau behindert werden würde. — Auf sonstige Detailfragen wird nur insoweit eingegangen, als dies zur Klarlegung der Rechtsfrage unerläßlich oder zweckmäßig erscheint. Da die eingewurzelte Judikatur des k. k. Verwaltungsgerichtshofes und der Zivilgerichte widerlegt werden soll, waren gewisse Weitläufigkeiten nicht zu vermeiden. — Um aber die Übersichtlichkeit nicht zu stören, blieb die Gesetzgebung der deutschen Bundesstaaten unberücksichtigt, zumal sie als allgemein bekannt vorausgesetzt werden kann. Aus dem gleichen Grunde wurde von der Zitierung der Literatur abgesehen, was um so leichter geschehen konnte, als dieselbe ohnehin notdürftig ist und speziell in der mustergiltigen Abhandlung Haberers „Zur Revision des allgemeinen Berggesetzes“ in seinen bergrechtlichen Blättern erschöpfend bezogen wird.

Dagegen wurden die in der Sammlung Budwinski veröffentlichten und die im letzten Jahre erflossenen Erkenntnisse des k. k. Verwaltungsgerichtshofes, sowie die in der Sammlung des Dr. Herbatschek enthaltenen zivilgerichtlichen Erkenntnisse in den maßgebenden Absätzen wörtlich zusammengestellt, weil die vorliegende Abhandlung auch für den Bergtechniker bestimmt ist und demselben die Sammlung von Entscheidungen nicht jederzeit zugänglich ist.

Soweit Quellen und Literatur unmittelbar benützt worden sind, wurden dieselben im Texte der Abhandlung wörtlich angeführt.

Möge diese aus der unmittelbaren Handhabung des Gesetzes hervorgegangene Abhandlung dazu beitragen, der Verkümmerung der Bergbaurechte entgegenzuwirken.

Teplitz, im Monate April 1910.

Der Verfasser.

Inhaltsverzeichnis.

I. Darstellung der Rechtslage.

Die Errichtung von Gebäuden auf einem verliehenen Grubenfelde ist unstatthaft, wenn hierdurch die Gewinnung des vorbehaltenen Minerals behindert oder unmöglich gemacht wird.

Der bloße Einspruch des Bergbaubesitzers verhindert die Erteilung der Baubewilligung, wenn er begründet ist. Begründet ist dieser Einspruch nicht nur dann, wenn der Baustelle durch den bereits eingeleiteten Bergbau Gefahr droht, sondern auch in dem Falle, wenn die Baustelle durch den erst aufzuschließenden oder fortschreitenden Bergbau gefährdet wäre.

Unter dieser Voraussetzung ist das Baugesuch abzuweisen, denn der Einspruch des Bergbaubesitzers ist vor allem eine Einwendung öffentlich-rechtlicher Natur.

Vermöge des öffentlich-rechtlicher Charakters der Bergbauberechtigung ist die obertägige Bauführung auch unzulässig, wenn der Einspruch des Bergbaubesitzers unterbleibt und die Behörde in anderer Art Kenntnis davon erlangt, daß die obertägige Bauführung den Aufschluß eines vorbehaltenen Minerals verhindern würde.

Die Baubewilligung muß selbst dann verweigert werden, wenn eine Einigung des Grundeigentümers und des Bergwerkseigentümers zustande kommt, durch die dem Grundeigentümer gestattet wird, auf dem verliehenen Grubenfelde zu bauen, wogegen der Bergwerkseigentümer gegen Entschädigung oder unentgeltlich auf den Abbau des erforderlichen Schutzpfeilers verzichtet, es wäre denn, daß die Bergbehörde dieses Übereinkommen genehmigt.

Ob und unter welchen Bedingungen der Grundeigentümer Anspruch auf Entschädigung hat, weil die Errichtung des Gebäudes unterbleiben muß, ist eine sekundäre Frage, welche nebenbei erörtert wird, aber als eventuelle Folgewirkung nicht geeignet ist, auf die Entscheidung der Baubehörde über die Erteilung oder Verweigerung der Baubewilligung Einfluß zu nehmen.

In den neueren Berggesetzen wird dem Bergwerkseigentümer in der Regel die Verpflichtung auferlegt, dem Grundeigentümer die Wertverminderung zu ersetzen, die sein Grundstück dadurch erleidet, daß der beabsichtigte Neubau unterbleiben muß.

Nach dem österreichischen Berggesetze steht dem Grundbesitzer unter keinen wie immer gearteten Umständen ein diesfälliger Ersatzanspruch zu.

Aber nicht nur die Bauführung ist im Falle der Kollision mit der Gewinnung eines vorbehaltenen Minerals unstatthaft, es ist — und wegen des materiellen Zusammenhanges kann dieser Umstand nicht übergangen werden — der Grundeigentümer auch nicht berechtigt, die Oberfläche seines Grundstückes in einer anderen, den Bergbau verhindernden Weise umzugestalten.

Nach § 99 a. B. G. kann nämlich eine bergbauliche Enteignung von Grund und Boden an Orten nicht gefordert werden, wo die Schürfung in Gemäßheit des § 17 des a. B. G. von der besonderen Zustimmung des Grundbesitzers oder der Verwaltungsbehörde abhängig ist.

Wenn daher der Grundeigentümer sein oberhalb der verliehenen Grubenmassen gelegenes Grundstück beispielsweise in einen eingefriedeten Haus-, Zier- oder anderen Garten umgestalten dürfte, wozu er regelmäßig nicht einmal der Bewilligung der Baubehörde bedarf, könnte er beliebig die Gewinnung des unterhalb seines Grundes gelagerten Minerals verhindern.

Ist aber die durch eine Baubewilligung bedingte Umgestaltung der Oberfläche unstatthaft, falls dadurch der Bergbau behindert wäre, kann unmöglich ein Eingriff in die Mineralgewinnung zulässig sein, der sich durch bloße Willkür des Grundbesitzers vollzieht.

Die Praxis unserer Baubehörden und die Judikatur des Verwaltungsgerichtshofes und der Gerichte gehen von einem gegenteiligen Standpunkte aus.

Gemeinsam haftet der bisherigen Judikatur der Mangel an, daß die begriffliche Natur des Bergwerkseigentums und seine geschichtliche Entwicklung unbeachtet bleiben und daß das Grundeigentum als unverletzlich gilt, dagegen eine Verletzung, Beschränkung und volle Aufhebung des Bergwerkseigentums durch eine willkürliche Verfügung des Grundbesitzers als eine gestattete Rechtsausübung des letzteren geduldet wird.

Nach der bisherigen Judikatur, speziell des Verwaltungsgerichtshofes wird das Bergwerkseigentum in direkte Abhängigkeit vom Grundeigentume gebracht und diesem subordiniert, unbekümmert darum, daß das Grundeigentum, in dem keine vorbehaltenen Mineralien enthalten sind, naturgemäß unbeschränkter ist, als jenes, in welchem vorbehaltene, der Herrschaft und Verfügung des Grundeigentümers gesetzlich entzogene Mineralien enthalten sind.

So ist auf den ersten Blick die in den Erkenntnissen des Verwaltungsgerichtshofes enthaltene Annahme unrichtig, es lasse sich aus den Bestimmungen des Berggesetzes eine Beschränkung des Eigentümers der Grundoberfläche nicht ableiten; es ist rechtsirrtümlich, wenn der Verwaltungsgerichtshof den § 106 des Berggesetzes aus jeglichem Zusammenhange herausgreift, aus demselben folgert, daß Bauführungen auf verliehenen Grubenmassen vollkommen zulässig sind und auf diese Art den § 106 genau in das Gegenteil dessen verkehrt, was dieser klar zum Ausdrucke bringen wollte.

Zu bekämpfen ist die in den Erkenntnissen des Verwaltungsgerichtshofes deutlich zum Ausdrucke kommende Rechtsanschauung, daß der Einspruch des Bergbaubesitzers materiell ungerechtfertigt ist, weil er sich weder aus dem Berggesetze, noch aus der Bauordnung, noch aus einem Spezialrechtstitel ergibt und daher einen privatrechtlichen Anspruch nicht darstellt (Erkenntnis vom 13. Dezember 1895, Zahl 5921, Nr. 9121) und daß dessenungeachtet dieser negierte Anspruch als privatrechtliche Einwendung auf den ordentlichen Rechtsweg gewiesen wird.

Willkürlich ist die vom Verwaltungsgerichtshofe aufgestellte Unterscheidung, wonach Einwendungen des Bergwerksbesitzers, daß der Bergbaubetrieb bis unter die Baustelle vorgeschritten und die Tragfähigkeit des Baugrundes und damit die Baubeständigkeit des projektierten Baues in Frage gestellt ist, als im öffentlichen Rechte begründet anerkannt werden, wogegen die gleiche Einwendung, wenn sie aus dem fortschreitenden Bergbaue abgeleitet wird, als eine rein privatrechtliche auf den ordentlichen Rechtsweg verwiesen wird.

Endlich ist die Judikatur des Verwaltungsgerichtshofes in mehrfacher Beziehung widerspruchsvoll. So wird beispielsweise in den Erkenntnissen vom 15. Dezember 1900 und vom 1. Mai 1908 anerkannt, daß der Bergwerksbesitzer einen Anspruch darauf hat, daß bei konstatiertem Mangel der erforderlichen Bausicherheit und Tragfähigkeit des Baugrundes die Baubewilligung verweigert werde, während ganz gegenteilig in den Erkenntnissen vom 1. Juli 1908 und vom 7. April 1909 erklärt wird, daß der Bergwerkseigentümer mangels eigenen Interesses zu der Einwendung nicht legitimiert ist, daß dem projektierten Gebäude und dessen Bewohnern Gefahren drohen, daß vielmehr der Bergwerkseigentümer einzig und allein zu der Einwendung berechtigt ist, daß aus der Beschaffenheit des projektierten Gebäudes dem Bergwerksobjekte selbst, oder den im Bergbaue beschäftigten Personen Gefahr drohe.

Daß derartige Argumentationen weder dem Wortlaute, noch den Intentionen des Gesetzes angepaßt werden können, ist unschwer darzutun.

Es soll daher zunächst dargestellt werden, von welchen Erwägungen der Verwaltungsgerichtshof und die Gerichte bei ihren Entscheidungen ausgehen, worauf eine Widerlegung versucht und gezeigt werden soll, daß diese Entscheidungen den bestehenden Gesetzen widerstreiten.

II. Die herrschende Praxis.

Der Verwaltungsgerichtshof hat seine Anschauung über die Zulässigkeit von Bauführungen auf verliehenen Grubenmassen in 24 Erkenntnissen festgelegt. Die erste Entscheidung ist das Erkenntnis vom 20. Januar 1886, Zahl 3011 aus dem Jahre 1885, Budw. Nr. 2878, dann folgen das Erkenntnis vom 23. November 1887, Zahl 3202, Budw. Nr. 3779 und das Erkenntnis vom 12. Oktober 1889, Zahl 3287, Budw. Nr. 4874. Bis zum Jahre 1892 kam sodann kein weiterer Fall zur Entscheidung und erst in den folgenden Jahren häufen sich die Erkenntnisse über diese Rechtsfrage; es werden auch mehrfache Widersprüche rücksichtlich der Frage des freien Ermessens der Behörden und der Sicherheit des Bauterrains wahrnehmbar, bis in dem Erkenntnisse vom 1. Juli 1908, Zahl 6567, Budw. Nr. 6100 wenigstens vorläufig eine abschließende Rechtsansicht zum Ausdrucke gelangt zu sein scheint.

Nicht so zahlreich, aber in der Rechtsfrage ziemlich übereinstimmend sind die Erkenntnisse des obersten Gerichtshofes, welche sich fast ausschließlich mit der Frage der Besitzstörung nach § 340 a. b. G. B. befassen.

A. Die Judikatur des Verwaltungsgerichtshofes.

Aus den im Anhange zusammengestellten Erkenntnissen des Verwaltungsgerichtshofes ergeben sich die nachstehenden Rechtsgrundsätze:

a) Aus den Bestimmungen des Berggesetzes läßt sich eine Beschränkung des Eigentümers der Grundoberfläche nicht ableiten; im Gegenteile folgt aus den Bestimmungen der

§§ 106 und 107, daß Bauführungen innerhalb eines Grubenfeldes auch nach dessen Verleihung vollkommen zulässig sind (Erkenntnis vom 12. Oktober 1889). Die Einwendung, daß die Bewilligung des Baues zu Einschränkungen in der Ausübung der mit der Bergbauberechtigung verbundenen Rechte oder aber dazu führen kann, daß der Bergbauunternehmer im Sinne des § 106 a. B. G. zu Schadensersätzen verpflichtet wird, mag richtig sein, hindert aber nicht die Baubehörde an der Erteilung des Baukonsenses, weil weder das Bergrecht, noch die Bauordnung ein allgemeines Bauverbot zugunsten verliehener Grubenmassen enthalten (Erkenntnis vom 3. Mai 1895). Das Recht, eine Bauführung auf verliehenen Grubenmassen zu untersagen, ergibt sich weder aus der Bauordnung, noch aus dem allgemeinen Berggesetze, speziell nicht aus dem § 106 desselben und es kann auch die Verleihung nicht einen Spezialrechtstitel für ein derartiges Untersagungsrecht bilden, so wie dieses Untersagungsrecht auch nicht als der Ausfluß eines dem Bergwerkseigentümer zukommenden subjektiven Rechtes hingestellt werden kann (Erkenntnisse vom 13. Dezember 1895 und 6. März 1908).

b) Dem Bergwerkseigentümer steht selbst dann kein Einspruchsrecht gegen eine Bauführung auf verliehenen Grubenfeldern zu, wenn er vor Überreichuug des Baugesuches um die bergrechtliche Enteignung des Baugrundes angesucht hat, weil sich auch in diesem Falle das Einspruchsrecht weder aus den Bestimmungen der Bauordnung, noch aus dem Berggesetze stichhaltig begründen läßt, insolange nicht der bergrechtliche Enteignungsanspruch von der kompetenten Behörde als berechtigt anerkannt worden ist (Erkenntnisse vom 23. Dezember 1903 und 15. Oktober 1907).

c) Obgleich daher das materielle Einspruchsrecht des Bergwerksbesitzers vom Verwaltungsgerichtshofe direkt negiert und in einem Falle sogar erklärt wird, daß das aus der Verleihung abgeleitete Einspruchsrecht sich nicht einmal als eine privatrechtliche Einwendung darstelle, wird dessenungeachtet in demselben Atemzuge erklärt, daß die Baubehörde nicht berufen sei, in dem Widerstreite der Interessen des Eigentümers der Oberfläche einerseits und des Bergbauunternehmers andererseits eine Entscheidung zu fällen, weil die aus diesem Widerstreite sich ergebenden Rechtsbeziehungen privatrechtlicher Natur sind, deren Regelung dem Zivilrichter vorbehalten bleiben muß (Erkenntnisse vom 20. Januar 1886, 3. Mai 1895, 22. Mai 1895, 13. Dezember 1895 u. dgl.).

d) Was die aus § 47 der Bauordnung betreffs der Sicherheit des Bauterrains abgeleiteten Einwendungen sowie die Legitimation des Bergwerksbesitzers zum Einspruche, beziehungsweise das freie Ermessen der erkennenden Behörde betrifft, sind die Erkenntnisse des Verwaltungsgerichtshofes widerspruchsvoll, was die nachstehende Darstellung zeigt:

1. In den ersten Erkenntnissen vom 23. November 1887 und vom 5. Mai 1894 wird die dem Baugrunde aus dem bereits geführten Abbaue drohende Gefahr gleichgestellt der dem Baugrunde aus dem noch zu erfolgenden (Erkenntnis vom 23. November 1887) oder aus dem noch zum Vollzuge gelangenden (Erkenntnis vom 5. Mai 1894) Abbaue drohenden Gefahr.

2. Dagegen wird in den Erkenntnissen vom 3. Mai 1895 und vom 1. Juli 1908 erklärt, daß zu unterscheiden sei, ob dem projektierten Neubaue schon nach dem dermaligen Stande des Abbaues eine Gefahr drohe, oder ob die Gefährdung erst durch das weitere Fortschreiten des Abbaues eintreten soll. Bei ersterer Einwendung ist die Baubehörde von Amts wegen zur Wahrung öffentlich-rechtlicher Momente verpflichtet, während im letzteren Falle nur eine Kollision bergrechtlicher Befugnisse mit denen des Grundeigentümers in Hinsicht auf die Art der Benützung seines Eigentums angenommen und ausgesprochen wird, daß über diese Kollision die Baubehörde nicht zu erkennen habe.

3. In den früheren Erkenntnissen, speziell in denen vom 23. November 1887 und 5. Mai 1894 wurde es vollständig dem freien Ermessen der Baubehörde anheimgestellt, den Baukonsens zu verweigern oder zu erteilen, selbst wenn festgestellt wird, daß aller Wahrscheinlichkeit nach wenn auch nicht große Senkungen zu gewärtigen sind und Risse an den projektierten Gebäuden trotz aufgetragener Sicherheitsvorkehrungen hervorgerufen werden müssen, oder daß auch nur eine Deformation der Erdoberfläche in Aussicht steht. In allen diesen Fällen kann nach freiem Ermessen der Baukonsens verweigert werden, selbst wenn für die Gesundheit und das Leben der das projektierte Gebäude bewohnenden Personen keine Gefahr bestünde.
4. Dagegen wird schon in dem Erkenntnisse vom 15. Dezember 1900 ausgesprochen, daß nicht das freie Ermessen der Baubehörde entscheidend ist, sondern daß der Bergwerksbesitzer nach § 47 der Bauordnung einen Anspruch darauf habe, daß bei konstatiertem Mangel der Bausicherheit und Tragfähigkeit des Grundes die Baubewilligung versagt werde. Desgleichen wird in dem Erkenntnisse vom 1. Mai 1908 ausgesprochen, daß der Bergwerksbesitzer das Recht habe, die Anwendung des § 47 der Bauordnung zu verlangen, wenn er Umstände behauptet, aus welchen sich Gefahren nach § 47 ergeben und wenn diese Gefahren auch für die eigenen Rechte und Interessen des Bergbaubesitzers Beeinträchtigungen hervorzurufen geeignet sind.
5. Aber schon in den Erkenntnissen vom 1. Juli 1908 und vom 7. April 1909 wird auch dieser Standpunkt verlassen und es wird erkannt, daß auch bei konstatiertem Mangel der erforderlichen Bausicherheit und Tragfähigkeit des Baugrundes mit Rücksicht auf den bis unter die Baustelle vorgeschrittenen Bergbau der Bergwerksbesitzer kein Recht habe, zu verlangen, daß nach § 47 der Bauordnung die Baubewilligung verweigert werde, sondern es wird erklärt,

daß der Bergwerbsbesitzer zu dieser Einwendung nur dann legitimiert ist, wenn hierdurch dem Bergwerksobjekte selbst, oder den im Bergbaue beschäftigten Personen aus der Beschaffenheit des projektierten Bergbaues Gefahr drohe und daß damit das eigene Interesse des Bergbauberechtigten erschöpft ist, so daß ihm die Legitimation zu derartigen Einwendungen mangels eigenen Interesses vollkommen abgesprochen wird, wenn es sich nur um Gefahren handelt, welche lediglich dem projektierten Gebäude, und nicht dem Bergwerksobjekte drohen.

6. Während ursprünglich der Verwaltungsgerichtshof daran festgehalten hat, daß eine formale Bestimmung nicht besteht, nach welcher die Baubehörde im Falle des Vorliegens eines Baugesuches verpflichtet wäre, vor Erteilung des Baukonsenses eine bergrechtliche Verhandlung über die vom Standpunkte des Bergbaubetriebes etwa notwendig werdenden Vorkehrungen zu provozieren, wird es in den späteren Erkenntnissen als ein Mangel des Verfahrens hingestellt, wenn die aus dem gegenwärtigen, bis unter die Baustelle fortgeschrittenen Bergbaue drohenden Gefahren nicht erhoben worden sind.

B. Die Judikatur der Zivilgerichte.

Es dürfte in der Hauptsache genügen, auf jene Erkenntnisse des obersten Gerichtshofes hinzuweisen, welche in der Sammlung des Dr. Albert Herbatschek unter Nr. 687 bis 690 zusammengestellt sind.

1. In den Erkenntnissen, welche zunächst unter Nr. 687 veröffentlicht sind, hat das Bezirksgericht als erste Instanz erklärt, daß die Bergbauberechtigung ein Recht an der Erdoberfläche nicht in sich schließe, daß Einschränkungen des Grundeigentümers im freien Verfügungsrechte über seinen Grund kein Inhalt der Bergbauberechtigung als eines Privatrechtes sind, daß sie vielmehr erst durch einen Enteignungsakt

seitens der Staatsverwaltung besonders begründet werden müssen.

Die zweite Instanz hat ausgesprochen, daß der Beklagte durch die Bauführung auf den verliehenen Grubenmassen nur von seinem Rechte innerhalb der rechtlichen Schranken Gebrauch gemacht hat und daher den, einem anderen daraus entspringenden Nachteil nicht zu verantworten hat (§ 1305 a. b. G. B.).

Weiter heißt es in dieser Entscheidung: „Es gibt keine gesetzliche Bestimmung, welche den Bergbauunternehmer berechtigen würde, den Grundbesitzer an der Bauführung zu hindern, sobald diesem der Konsens zum Baue aus öffentlichrechtlichen und technischen Gründen nicht verweigert wird. Insbesondere enthält auch das Berggesetz keine derartige Beschränkung des Grundeigentümers. Die mit der Bergbauverleihung verbundenen Rechte sind im Berggesetze, insbesondere in den §§ 123 ff. angeführt und besteht das wesentlichste Recht des Bergwerksbesitzers in der ausschließlichen Befugnis zur Gewinnung der vorbehaltenen Mineralien. Irgendein Recht, oder der Besitz an der Erdoberfläche steht dem Bergbaubesitzer nicht zu. Das Berggesetz bietet nicht den geringsten Anhaltspunkt dafür, daß das Bergwerkseigentum an und für sich stärker sei, als das Grundeigentum. Nach § 98 des a. b. G. B. ist der Grundeigentümer verpflichtet, die zum Bergbaubetriebe notwendigen Grundstücke dem Bergbauunternehmer gegen angemessene Schadloshaltung (§ 365 a. b. G. B.) zur Benützung zu überlassen. Solange der Bergbauunternehmer das Grundeigentum nicht abgelöst hat, kann daher der Grundeigentümer seinen Grund und Boden innerhalb der rechtlichen Schranken nach Belieben benützen und ist der Bergbauunternehmer nicht berechtigt, in die Sphäre des Grundeigentums einzugreifen, wenn unter dem Vorgeben einer Gefährdung des Bergwerksbesitzers dem Grundeigentümer die nach der Bauordnung für zulässig befundene Bauführung untersagt werden will.

Der oberste Gerichtshof hat mittels Entscheidung vom 8. Januar 1895, Zahl 67 eine meritorische Rechtsansicht nicht ausgesprochen, vielmehr den Rekurs der Klägerin mit der Begründung abgewiesen, daß die Klägerin bei der Baukommission nur Entschädigungsansprüche für den eventuell zu belassenden Schutzpfeiler, somit nicht die Gefährdung eines dinglichen Rechtes geltend gemacht hat.

2. Mittels Entscheidung des k. k. obersten Gerichtshofes vom 19. Dezember 1895, Zahl 14 810, Herbatschek Nr. 688 wurde das Gesuch um Erlassung eines Verbotes der Fortführung eines Baues auf einem verliehenen Grubenfelde abgewiesen, weil gemäß den Bestimmungen des § 98 a. B. G. und des § 68 Vollzugsvorschrift zum allgemeinen Berggesetze mit der Bergwerksverleihung allein ein Recht auf die Oberfläche, insbesondere ein Verbotsrecht noch nicht erworben werde, es hierzu vielmehr einer Grundüberlassung bedürfe, die Gewerkschaft daher mit der Verleihung und Erwerbung des Bergwerkseigentums den Besitz eines der Bauführung entgegenstehenden dinglichen Rechtes noch keineswegs nachgewiesen habe.

3. Desgleichen hat der oberste Gerichtshof mittels Entscheidung vom 28. Dezember 1895, Zahl 15 366, Herbatschek Nr. 689 erkannt, daß das Berggesetz dem Bergwerkseigentümer wohl das Recht zuerkennt (§§ 98 und 99 a. B. G.) die zeitliche oder eigentümliche Überlassung der zum Bergbaubetriebe notwendigen Grundstücke von dem Grundeigentümer zu fordern, ihm aber das Recht nicht einräumt, aus dem Grunde der Existenz seines Bergwerkseigentums dem Grundeigentümer vor der Geltendmachung dieser Rechte die Ausübung seines Grundeigentums — im vorliegenden Falle eine Bauführung auf verliehenen Grubenmassen — zu untersagen.

4. In dem Erkenntnisse vom 27. Februar 1900, Zahl 1354, Herbatschek Nr. 690 hat der oberste Gerichtshof ausgesprochen, daß die gegen den vorzunehmenden Hausbau von dem Eigentümer der Grubenmassen erhobene Einwendung,

daß die Bauwerber vorerst ein Bauverbot gegen den Bergbau ansuchen müssen, daß sodann ein Schutzpfeiler bestimmt und der Bergwerksbesitzer entschädigt werden müsse, zivilrechtliche Einwendungen seien, weil Bauführungen innerhalb eines Grubenfeldes auch nach dessen Verleihung zulässig sind, ohne daß dem politischen Baukonsense bergrechtliche Verhandlungen über etwa für den Bergbaubetrieb notwendig werdende Vorkehrungen vorauszugehen hätten.

Die unteren Instanzen haben in dem vorliegenden Falle erkannt, daß das Grundeigentum vor dem Bergwerkseigentume bestand, letzteres daher nur mit der gesetzlichen Beschränkung des § 364 des a. b. G. B., also ohne Übergriff in die schon bestehenden Rechte des Grundeigentumes erworben werden konnte und aus einem solchen Übergriffe in schon begründete Rechte eines anderen nie Rechte, insbesondere also nie Ersatzrechte abgeleitet werden können.

5. Auch in den noch nicht veröffentlichten Erkenntnissen des k. k. obersten Gerichtshofes, beispielsweise in der Entscheidung vom 28. Oktober 1891, Zahl 12 786 wurde erkannt, daß der Bergwerksbesitzer mit der Bergwerksverleihung allein ohne Enteignung des Grundstückes ein dingliches Recht auf die Baufläche überhaupt und insbesondere ein Verbotsrecht (eine Bauführung auf den verliehenen Grubenmassen zu verbieten) noch nicht erworben hat. Weiter wird ausgeführt, daß der Abgang des dinglichen Rechtes durch die Erklärung der Grubenbesitzer, daß sie sich veranlaßt sehen werden, das im § 98 des a. B. G. vorgesehene Verfahren wegen Überlassung dieses Grundstückes zu Bergbauzwecken durchzuführen, doch füglich nicht ersetzt werden kann.

C. Resumee.

Nach der vorstehend dargestellten Judikatur nimmt die herrschende Praxis den Standpunkt ein, daß Bauführungen auf verliehenen Grubenmassen in jedem Falle, demnach auch dann zulässig seien, wenn dadurch der Abbau des vorbehaltenen Minerals unmöglich gemacht wird. Der Verwaltungsgerichtshof erklärt, die Baubehörde brauche sich nicht darum zu bekümmern, ob durch die obertägige Bauführung die Gewinnung des vorbehaltenen Minerals unmöglich gemacht wird, es hätten vielmehr über diese Frage als eine privatrechtliche Einwendung die Gerichte zu entscheiden und die Gerichte wiederum erklären, daß der Grundeigentümer ohne weiteres bauen dürfe, wenn die Baubehörde den Bau als zulässig erachte. Es liegt somit in dieser Argumentation ein Circulus vitiosus, indem sich der Verwaltungsgerichtshof auf den obersten Gerichtshof und der letztere auf den ersteren beruft, oder mit anderen Worten: Die Baubehörden erklären, daß ihnen die Entscheidung darüber nicht zukomme, ob durch eine Bauführung in das Recht des Bergwerkseigentümers, das vorbehaltene Mineral zu gewinnen, eingegriffen werde, daß darüber vielmehr die Gerichte zu entscheiden haben, und die Gerichte gestatten die Bauführung mit der Begründung, daß der Grundeigentümer durch das Bergwerkseigentum nur insoweit beschränkt sei, als er nach § 106 a. B. G. die Baubewilligung zu erwirken habe.

Wird daher die Bauführung durch die Baubehörden als öffentlich rechtlich zulässig erkannt, dann habe sich der Grundeigentümer nach Vorschrift des Gesetzes geschützt und es könne ihm die Bauführung durch den Bergwerkseigentümer nicht untersagt werden.

Von den Gerichten wird außerdem darauf hingewiesen, daß ohne vorausgegangene Enteignung dem Bergwerkseigentümer kein Recht an der Oberfläche zustehe und er daher auch aus diesem Grunde die Bauführung nicht hindern könne.

Hierbei wird übersehen, daß das Recht zur obertägigen Bauführung und das bergbauliche Enteignungsrecht nicht zu korrespondieren brauchen, weil um die Enteignung erst dann angesucht werden kann, wenn die Grundüberlassung bereits unerläßlich geworden, nämlich der Abbau so weit vorgeschritten ist, daß die Beschädigung der Grundoberfläche unmittelbar bevorsteht.

Der Umstand dagegen, daß jemand auf einem nicht aufgeschlossenen Terrain bauen will, oder auf einer Baustelle, bis zu welcher der Abbau noch nicht gediehen ist, berechtigt nicht zur Enteignung.

Die Entscheidungen des obersten Gerichtshofes gehen daher in der Sache selbst von der irrigen Voraussetzung aus, daß der Bergwerkseigentümer in allen Fällen die rechtliche Möglichkeit besitzt, durch Ausübung des Enteignungsrechtes die Bauführung zu hindern.

Dazu kommt, daß der Verwaltungsgerichtshof wiederum sogar das rechtzeitig überreichte Enteignungsgesuch des Bergwerkseigentümers nicht als genügend erachtet, um auch nur die Entscheidung der Baubehörde über die Zulässigkeit der Bauführung hinauszuschieben, so daß der Grundeigentümer das Gebäude vollenden und in der Bauführung nicht behindert werden darf, solange der Bergwerkseigentümer nicht ein rechtskräftiges Enteignungserkenntnis erwirkt hat.

Bei diesem Stande der Judikatur ist der Bergwerkseigentümer der Willkür des Grundeigentümers bedingungslos preisgegeben. Darnach bestehen wohl die im § 364 a. b. G. B. statuierten Grenzen für den Grundeigentümer insofern, als sich in die Rechte desselben weder der Bergwerkseigentümer noch sonst ein Dritter einen Eingriff erlauben darf, während die gleiche Berechtigung für den Bergwerkseigentümer gegenüber dem Grundeigentümer nicht anerkannt wird.

So ist wohl kraft ausdrücklicher berggesetzlicher Vorschrift die Verfügung des Grundeigentümers über die in seinem Grund und Boden befindlichen vorbehaltenen Mineralien ausdrücklich untersagt, während in der Praxis durch die Judikatur des Verwaltungsgerichtshofes und der Gerichte dem Grundeigentümer tatsächlich die Möglichkeit geboten wird, durch die Art der Benützung seines Grundeigentumes die Verfügung über die vorbehaltenen Mineralien dem Berechtigten willkürlich zu entziehen.

Daß dieser Zustand kein gesetzlicher ist, bedarf eigentlich keines Beweises.

III. Unzulässigkeit von Bauführungen auf verliehenen Grubenfeldern.

Die Frage, ob und unter welchen Voraussetzungen Bauführungen auf verliehenen Grubenfeldern statthaft sind, kann nicht dadurch gelöst werden, daß der § 106 a. B. G. aus jedem Zusammenhange herausgerissen und aus den Worten „Gebäude oder andere Anlagen, welche innerhalb eines Grubenfeldes erst nach dessen Verleihung errichtet werden" gefolgert wird, daß Bauführungen auf verliehenen Grubenfeldern vollkommen zulässig sind. Es muß vielmehr von der rechtlichen Natur des Bergwerkseigentums ausgegangen, das Rechtsverhältnis zwischen diesem und dem Grundeigentume im allgemeinen, ferner das Rechtsverhältnis des Bergwerkseigentums zu einer obertägigen Bauführung insbesondere erörtert, sodann muß eingehend geprüft werden, welche Schlußfolgerungen sich aus den nach vorstehender Methode gewonnenen Prämissen ergeben und in welcher Art diese Schlußfolgerungen mit dem Gesetze in Einklang gebracht werden können, oder etwa demselben widerstreiten.

a) Rechtliche Natur des Bergwerkseigentums.

Es soll nicht eine rechtliche Konstruktion des Begriffes des sogenannten Bergwerkseigentums versucht werden. In dieser Richtung wird auf meine Darstellung über das österreichische Bergschadenrecht Seite 26 u. f., ferner auf die erschöpfenden und systematischen Ausführungen Haberers in seinen Bergrechtlichen Blättern, Jahrgang 1907, 1. Heft, Seite 24 u. f. und die daselbst zitierte Literatur verwiesen.

Es sollen hier nur die rechtlichen Momente gewürdigt werden, unter denen das österreichische Berggesetz vom 23. Mai 1854 im § 40 das Eigentumsrecht auf die innerhalb einer bestimmten Begrenzung vorkommenden vorbehaltenen Mineralien, und im fünften Hauptstücke das Bergwerkseigentum als solches konstituiert hat.

Vor Erlassung des gegenwärtig geltenden Berggesetzes bildeten die verschiedenen Bergordnungen, und für Böhmen insbesondere nebst der Joachimsthaler Bergordnung der Bergwerkvertrag, welcher anno 1534 zwischen Römisch Kaiserlicher Majestät und den Ständen in Böhmen und der Vertrag, welcher anno 1575 zwischen Königlicher Majestät und den Ständen in Böhmen abgeschlossen worden sind, die Grundlage der Verfassung des österreichischen Bergwesens. Vom Standpunkte dieser Gesetze war der Bergbau eine Gnade Gottes. So heißt es in dem Bergwerksvertrage vom Jahre 1534, Artikel I: „Dieß Königreich aus Gnade des Allmächtigen über andere christliche Länder mit Bergwerken begabet", oder im zweiten Bergwerksvertrage in der Einleitung: „Was maßen von den Gnaden Gottes ermeldte Unser Kron Böhm mit vielen ansehnlichen Bergwerken reichlich gesegnet." Ähnlich heißt es sodann in diesem Bergwerksvertrage, Artikel IX: „Und wo es also von Gold und Silber aus den Gnaden Gottes gewonnen, oder gemacht wird." Dieser Bergbau war mit Privilegien aller Art geschirmt und demgegenüber erschien das Grundeigentum als eine quantité negligeable, was ich in meinem Bergschadensrechte, Seite 12, ausführlich dargetan habe.

Die zahllosen Bergordnungen, und zwar nicht bloß die in österreichischen Landen geltenden, wurden im Jaher 1791 von Thomas Wagner gesammelt und als Corpus juris metallici recentissimi et antiquioris herausgegeben. Seitdem sind Versuche gemacht worden, allgemeine Bearbeitungen des Bergrechtes herauszugeben, bis kodifikatorische Versuche einsetzten, welche nach der durch die politische Bewegung des

Jahres 1848 eingetretenen Unterbrechung endlich zu dem gegenwärtig geltenden Berggesetze vom 23. Mai 1854 geführt haben.

Der Kardinalgrundsatz dieser ganzen, bis heute noch unerschütterten Gesetzgebung ist der, daß die Fossilien als ein von Grund und Boden unabhängiges Eigentum des Staates betrachtet werden, und daß durch die Freierklärung des Bergbaues der Staat jedermann die Gewinnung der Fossilien unabhängig von dem Besitze der Erdoberfläche möglich gemacht hat.

Wenn wir in einen beliebigen, vor der Kodifizierung des Berggesetzes vom Jahre 1854 geschriebenen Kommentar, beispielsweise in das Bergrecht des österreichischen Kaiserreiches von Dr. Joseph Tausch, Wien 1854, Seite IV hineinblicken, werden wir folgendes lesen: „Die Berggesetze begreifen alle jene Bedingungen in sich, wodurch der Zweck des Bergbaues erreicht wird. Diese Bedingungen sind:

1. Die Trennung des Bergwerkseigentums von jedem über der Erde befindlichen Besitze, damit der Bergbau nicht von Umständen, die außer seinem Wesen liegen, abhängig gemacht werde.

2. Die Bestimmung der wechselseitigen Rechte und Verbindlichkeiten zwischen den Bergbauunternehmern und den Grundbesitzern, wodurch der Grundbesitzer hinlänglich entschädigt wird, ohne dadurch der Ausübung des Bergbaues Eintrag zu machen.“

Was speziell die rechtlichen Beziehungen des Bergwerkseigentümers zum Grundbesitz betrifft, wie diese in den älteren Bergordnungen geregelt sind, äußert sich hierüber Dr. Joseph Tausch in seinem Bergrechte, Seite 185 wörtlich wie folgt: „Der Gewerke hat das Recht auf die nötigen Plätze und Räume, wie auch Wege, Stege und Brücken für Menschen und Vieh, deren derselbe zur Berg- und Hüttenarbeit, zur Beibringung der Bergwerkserfordernisse und Abführung der Erzeugnisse nötig hat; daher darf niemand die zu den Bergwerken nötigen

Fahrwege, Fußsteige, Wasserläufe und sonstige Plätze, sei es auf Wiesen, Äckern, Gärten oder Wäldern, wehren, verschlagen, verackern, verzäunen, vermauern oder auf andere Art vermachen. Die Obrigkeiten und Grundbesitzer sind verbunden, den Gewerken in allem zum Behufe der Bergwerke beförderlich zu sein.“

Ähnlich formuliert Johann Ferdinand Schmidt in seinem in Prag 1833 erschienenen Versuche einer systematisch geordneten Darstellung des Bergrechtes im Königreiche Böhmen seine Rechtsanschauung auf Seite 161 wie folgt: „Durch die Belehnung erlangt der Beliehene die Befugnis, jedem Eingriffe, der von irgend jemand in sein diesfälliges Rechtsgebiet gemacht werden sollte, sich zu widersetzen und den Schutz des Richters in Anspruch zu nehmen, ja selbst in den Fällen der Notwehr von dem ausnahmsweisen Rechte der Selbsthilfe Gebrauch zu machen.“

So wie im ersten Bergwerksvertrage im Artikel II direkt von der Verleihung Gottes gesprochen wird, wird von den Kommentatoren der alten Bergordnungen der Berglehensträger direkt als der Stellvertreter des Staates hingestellt, dem sich der Grundeigentümer bedingungslos, allenfalls wo es begründet ist, gegen Entschädigung unterzuordnen hat.

Materiell stehen diese Grundsätze heute noch in voller Geltung. Auch heute noch ist das sogenannte Bergwerkseigentum des Berggesetzes vom Jahre 1854 ein von Grund und Boden strenge gesondertes, letzterem nicht dienstbar gemachtes Eigentum, sondern ein Eigentum, welches von Grund und Boden unabhängig und derart konstituiert ist, daß der Grundeigentümer der Ausübung des Bergbaues nicht hinderlich sein kann.

Die rechtliche Konstruktion des Bergwerkseigentums, wie sie auf historisch genetischem Wege sich entwickelt hat, beruht auf dem Grundgedanken, daß das Bergwerkseigentum eine Art privilegiertes, von Grund und Boden deshalb abgesondertes

Eigentum ist, damit die Gestattung und die Ausübung des Bergwerkseigentums nicht von der Willkür der Benützung des Grundeigentums bedingt und abhängig gemacht werde. Dieser Rechtsidee widerstreitet es, das Bergwerkseigentum als ein Recht hinzustellen, dessen Ausübung bedingungslos einzuschränken und zu untersagen ist, wenn dem Grundeigentümer eine Benützungsweise seines obertägigen Grundeigentums belieben sollte, mit welcher die Ausübung des Bergwerkseigentums unvereinbar ist. Eine derartige Auslegung des Inhaltes und der begrifflichen Natur des Bergwerkseigentums widerspricht der Entstehungsgeschichte desselben. Nach der geschichtlichen Entwicklung des Bergwesens muß sich das Grundeigentum dem Bergwerkseigentum unterordnen und es kann und darf der Grundeigentümer die Ausübung des Bergwerkseigentums nicht unmöglich machen.

Es kann daher nicht dem geringsten Zweifel unterliegen, daß dem Bergwerkseigentümer ein Einspruchsrecht gegen Verfügungen des Grundeigentümers, welche die Ausübung des Bergwerkseigentums unmöglich machen oder behindern, zusteht. Wenn Dr. Joseph Tausch schon vor Erlassung des gegenwärtigen Berggesetzes auf Grund der älteren Bergordnungen den Rechtsgrundsatz aufgestellt hat, daß niemand die zur Bergarbeit nötigen Plätze, es sei auf Wiesen, Äckern, Gärten oder in Wäldern, verzäunen, vermauern oder auf andere Art vermachen kann, so ist nicht einzusehen, aus welchem Grunde die Vermauerung der auf den mächtigen Kohlenflötzen aufliegenden Erdschichten mit Gebäuden bedingungslos gestattet sein soll.

Die Zulässigkeit eines derartigen Eingriffes läßt sich weder auf das allgemeine bürgerliche Gesetzbuch, noch weniger auf das gegenwärtig geltende Berggesetz stützen, zumal beide Gesetze an der geschilderten geschichtlichen Überlieferung des Bergwerkseigentums nichts zu ändern beabsichtigten, das österreichische Berggesetz sich im Gegenteile als die Kodifikation der rechtlichen Verhältnisse darstellt, wie sie ausgehend von den älteren Bergordnungen und den beiden Bergwerksverträgen sich allmählich entwickelt haben und den praktischen Bedürfnissen zur Zeit der Erlassung des Berggesetzes angepaßt waren.

Auch nach den geltenden Gesetzen ist daher das Bergwerkseigentum mindestens in seiner Gegenüberstellung zum Grundeigentume ein so unbeschränktes und absolutes Eigentum wie das Grundeigentum selbst. Der hauptsächlichste Unterschied besteht darin, daß für das Bergwerkseigentum nicht der § 362 des a. b. G. B. gilt, inhaltlich dessen der Grundeigentümer seine Sache nach Willkür benützen oder unbenützt lassen darf, daß vielmehr der Bergwerkseigentümer gewissermaßen als Äquivalent für die ihm eingeräumten Privilegien mit der Verleihung die Verpflichtung übernimmt, im öffentlichen Interesse nicht nur das Bergwerkseigentum stets im vollen Betriebe zu erhalten, sondern auch das vorbehaltene Mineral vollkommen abzubauen. — Im übrigen bestehen für den Bergwerksbesitzer nicht mehr und nicht weniger Schranken bei der Ausübung seines Eigentums, wie für den Grundeigentümer.

Der Grundeigentümer ist nach § 364 a. b. G. B. insofern beschränkt,

1. als er nicht in die Rechte eines Dritten eingreifen,
2. als er die in den Gesetzen zur Erhaltung und Beförderung des allgemeinen Wohles vorgeschriebenen Einschränkungen nicht übertreten darf.

Ganz das gleiche ist im Berggesetze für die Ausübung des Bergbaues statuiert worden.

ad 1. Was im § 364 a. b. G. B. erster Absatz vorgeschrieben ist, daß nämlich der Grundeigentümer in ein fremdes Recht nicht eingreifen darf, das schreibt der § 170 lit. a des Berggesetzes vor, indem er bestimmt, daß der unternommene Tag- oder Grubenbau Personen oder Eigentum nicht gefährden darf.

ad 2. Was § 364 zweiter Absatz bestimmt, das ist im § 220 des Berggesetzes wiederholt, indem auch dem Bergbauunternehmer die Pflicht auferlegt wird, die gesetzlich umschriebenen öffentlichen Rücksichten zu wahren.

Wenn demnach behauptet zu werden pflegt, daß der Bergbau schon von der Verleihung angefangen ein bedingtes, beschränktes, oder im Kollisionsfalle sogar entziehbares Recht ist, so ist diese Charakterisierung offenbar unrichtig, weil sie der geschichtlichen Entwicklung des Bergbaurechtes und dem Gesetze widerspricht. — Daß der Bergbau später zu ungeahnter Blüte gelangt ist, das ist kein Grund, die geschichtliche Entwicklung des Bergbaues zu verleugnen und das sogenannte Bergwerkseigentum seiner ursprünglichen Natur zu entkleiden.

b) Rechtsverhältnis zwischen Bergbau und Grundeigentum.

Durch die Verleihung des Bergwerkseigentums werden innerhalb einer gesetzlich normierten Begrenzung die Erdschichten formell abgesondert. Jene Formationen oder Lagerstätten, welche das vorbehaltene Mineral enthalten, beispielsweise das Kohlenflöz, gehören dem Bergwerkseigentümer, die übrigen Erdschichten, welche in demselben vertikalen Raume auf der vorbehaltenen Lagerstätte des Minerals gelagert sind, das sogenannte Hangende, sowie jene Erdschichten, auf welchen das vorbehaltene Mineral aufliegt, das sogenannte Liegende, gehören dem Grundeigentümer. Beiderlei Schichten, nämlich einerseits die Fossilien, andererseits die übrigen Schichten, stellen Eigentumssphären dar, welche ineinandergreifen und sich gegenseitig beschränken. Die Fossilien dürfen nicht derart gewonnen oder benützt werden, daß der Grundeigentümer seine Erdschichten nicht in der bisherigen Art und Weise benützen kann, und umgekehrt darf der Grundeigentümer seine Erdschichten nicht derart gewinnen oder benützen, daß die Gewinnung der darunter befindlichen Fossilien behindert oder unmöglich gemacht wird.

Es kommt vor, daß einen halben Meter, oder einen Meter unter der Erdoberfläche die Kohle in einer Mächtigkeit von mehreren Metern gelagert ist, so daß dieselbe tagbaumäßig herausgefördert werden kann. Es ist klar, daß die tagbaumäßige Gewinnung dieser Kohle nicht möglich ist, ohne daß die, dem Grundeigentümer gehörigen Erdschichten zuvor abgeräumt und daher zunächst die bergbauliche Enteignung gegen den Grundeigentümer durchgeführt wird.

Ebenso in die Augen springend ist es, daß in diesem Falle die Kohlengewinnung nicht nur unmöglich, sondern in Gemäßheit des § 99 a. B. G. wegen der Unzulässigkeit der Enteignung gesetzlich unstatthaft wäre, wenn der Grundeigentümer die ihm gehörige Oberfläche mit Mauern umgeben, in einen eingefriedeten Garten verwandeln, oder verbauen dürfte.

Ob aber die Kohle einen Meter oder achtzig Meter tief unter der Oberfläche gelagert ist und ob daher die Kohle tagbau- oder tiefbaumäßig gewonnen wird, das heißt, ob die auf der Kohle lagernden Erdschichten zuvor abgeräumt werden müssen und die Kohle dann gewonnen wird, oder ob umgekehrt vermittels eines zu teufenden Schachtes zunächst die Kohle gewonnen wird, und die auf der Kohle lagernden Erdschichten sodann in die durch die Kohlengewinnung geschaffenen Hohlräume verbrechen, das bildet für das Verhältnis zwischen Berg- und Grundeigentum einen technischen, aber durchaus keinen rechtlichen Unterschied.

Ebensowenig aber, als in allen diesen Fällen dem Kohlenwerksbesitzer ein Eingriff in das Grundeigentum nach § 364 a. b. G. B. und § 170 lit. a des Berggesetzes gestattet ist, ebensowenig ist dem Grundeigentümer gestattet, in das Bergwerkseigentum einzugreifen und dem Bergwerksbesitzer die Gewinnung der Kohle rechtlich unmöglich zu machen, denn auch für den Grundbesitzer bestehen die im § 2 des a. B. G. und § 364 des a. b. G. B. normierten Schranken für die Ausübung seines Eigentumsrechtes gegenüber dem Bergwerkseigentum. Hierbei ist es belanglos, ob durch die Handlungen des Grundbesitzers die gegenwärtige oder zukünftige Mineraliengewinnung vereitelt wird, ob das Grubenfeld aufgeschlossen oder nicht aufgeschlossen ist und ob das Mineral tagbau- oder tiefbaumäßig zu gewinnen sein wird.

Ein Unterschied rücksichtlich des Bergwerks- und Grundeigentums besteht nur in folgendem:

1. Das Bergwerkseigentum ist das stärkere Recht und in Geltendmachung des dem Bergbautreibenden im IV. Hauptstücke des Berggesetzes eingeräumten Enteignungsrechtes kann dieser den Grundbesitzer zwingen, ihm die Kohlengewinnung zu ermöglichen, indem er den Grundbesitzer im gegebenen Zeitpunkte gegen volle Schadloshaltung enteignen darf.

2. Dagegen kann der Grundeigentümer den Bergwerksbesitzer nicht enteignen und er kann daher nicht erzwingen, daß dieser die Verbauung der Oberfläche dulde und die Kohlengewinnung unter der Baustelle gegen Entschädigung unterlasse.

ad 1. Zwangsrechte des Bergwerkseigentümers.

Der Bergwerkseigentümer darf gemäß den in den §§ 170 a. B. G. und 364 a. b. G. B. normierten Schranken das Grundeigentum nicht beschädigen. Ist daher die Ausübung des im § 123 a. B. G. dem Bergwerkseigentümer eingeräumten ausschließenden Rechtes zur Gewinnung der vorbehaltenen Mineralien nicht möglich, ohne die auf den Mineralien gelagerte Oberfläche zu verletzen, oder sonst in Anspruch zu nehmen, so muß zunächst die zwangsweise Grundüberlassung nach den Bestimmungen des IV. Hauptstückes des Berggesetzes durchgeführt werden, wenn ein gütliches Übereinkommen mit dem Grundbesitzer nicht zu erzielen wäre. Dieses dem Bergwerkseigentümer zugesicherte Zwangsrecht ist ein unerläßliches Requisit der Bergbauberechtigung, ohne welches die Ausübung derselben unmöglich wäre.

Diese Befugnis ist die rechtliche Basis, auf welcher die Unabhängigkeit des Bergwerkseigentums vom Grundeigentume gesetzlich konstituiert worden ist.

Wenn der Bergwerkseigentümer den Bergbau betreibt und das Grundeigentum verletzt, ohne zunächst die Einwilligung des Eigentümers eingeholt, oder die zwangsweise Grundüberlassung durchgeführt und den Eigentümer entschädigt zu haben, macht er sich eines Eingriffes in die Rechte des Grundeigentümers schuldig, welchen letzterer sowohl nach den Bestimmungen des a. b. G. B., als auch nach den Bestimmungen des a. B. G. abzuwehren berechtigt ist.

Das Zwangsrecht des Bergwerkseigentümers erstreckt sich aber nicht auf die sogenannten exempten Flächen und Objekte. Der Bergwerkseigentümer ist nämlich nach § 99 des Berggesetzes nicht befugt, jene Flächen und Objekte zu enteignen, innerhalb welcher nach § 17 des Berggesetzes das Schürfen nicht gestattet ist.

Kann daher das Mineral nicht gewonnen werden, ohne diese exempten Flächen und Objekte zu beschädigen und kann zwischen dem Bergwerkseigentümer und dem Eigentümer der Oberfläche oder des obertägigen Objektes eine Einigung nicht erzielt werden, dann muß die Mineraliengewinnung unterbleiben, weil ein diesfälliges Zwangsrecht seitens des Bergwerkseigentümers ausgeschlossen ist.

Der Bergwerkseigentümer ist aber weder berechtigt, noch verpflichtet, nach Rechtskraft der Verleihung sofort alle innerhalb seines Grubenfeldes gelegenen, nicht exempten Flächen zu enteignen, ohne deren Beschädigung die Mineraliengewinnung unmöglich wäre. Dem Grundeigentümer kann jedoch deswegen noch nicht das Recht zuerkannt werden, die Mineraliengewinnung in dem Maße direkt oder indirekt zu verhindern, als die Enteignung nicht durchgeführt worden ist.

Ein Recht und eine Verpflichtung zur Enteignung der Oberfläche hat der Bergwerkseigentümer nur in dem Maße, als die Mineraliengewinnung so weit vorgeschritten ist, daß die Beschädigung der Oberfläche in absehbarer Zeit gewärtigt werden kann.

Aber nicht jede Beeinflussung der Oberfläche durch den Bergbau verpflichtet zur Enteignung, weil ein Eingriff durch den Bergbau in das Grundeigentum rechtlich nur dann vorhanden ist, wenn der Grundeigentümer verhindert wird sein Grundstück in der zur Zeit geübten Art und Weise zu benützen, wogegen den Bergwerkseigentümer wenigstens nach der in den Erkenntnissen des k. k. Verwaltungsgerichtshofes vom 27. Januar 1897, Zahl 592, Budw. Nr. 10 326 und vom 28. April 1905, Zahl 4740, Budw. Nr. 3500 zum Ausdrucke gebrachten Rechtsanschauung nicht die Verpflichtung trifft, jede überhaupt mögliche Benützungsweise, zum Beispiel eines Ackergrundes als Baugrund, zu sichern.

Strenge genommen wäre davon auszugehen, daß der Grundeigentümer schon durch die natürlichen Lagerungsverhältnisse in der Ausübung seines Eigentumsrechtes behindert sein kann, wenn sich in seinem Grund und Boden vorbehaltene Mineralien befinden, welche seiner Eigentumsherrschaft entzogen sind.

In diesem Falle beschränken sich zwei Eigentumssphären gegenseitig, einerseits durch Naturgesetze, andererseits durch die klare Vorschrift des § 364 a. b. G. B., kraft welcher der Grundeigentümer aus privatrechtlichen und öffentlich rechtlichen Gründen den Bergbau nicht willkürlich erschweren oder behindern darf.

Insoweit daher der Grundeigentümer kraft der bestehenden Gesetze beschränkt ist, braucht der Bergwerkseigentümer diese Beschränkung nicht erst durch einen verwaltungsrechtlichen Enteignungsakt herbeizuführen, und für diese natürliche und gesetzliche Einschränkung des Grundeigentums hat der Bergwerkseigentümer keine Entschädigung zu bezahlen. Nur insoweit, als der Grundeigentümer, um die Gewinnung der

Fossilien zu ermöglichen, in einem weiteren Maße eingeschränkt und demnach in seiner bisherigen Rechtsausübung behindert oder aus derselben gänzlich herausgedrängt werden müßte, gebührt ihm der Anspruch auf volle, im Enteignungsverfahren zu ermittelnde Schadloshaltung.

Schon aus dieser einfachen und naturgemäßen Erwägung gibt es nach österreichischem Rechte keine Verpflichtung für den Bergwerkseigentümer, dem Grundeigentümer eine Entschädigung dafür zu bezahlen, daß er auf seinem Grundstücke wegen des in demselben befindlichen vorbehaltenen Minerals kein Gebäude errichten darf.

Diese Entschädigung kann dem Grundbesitzer auch nicht von dem Gesichtspunkte aus zugebilligt werden, daß erst durch den Verleihungsakt das Bergwerkseigentum entstanden ist und das Grundeigentum älter ist, denn wenn auch formell das Bergwerkseigentum erst durch die Verleihung geschaffen wird, die Existenz des vorbehaltenen und von der Verfügung und Eigentumsherrschaft des Grundeigentümers ausgeschlossenen Minerals reicht auf Zeiten zurück, welche unberechenbar sind.

ad 2. Zwangsrechte des Grundeigentümers.

Während dem Bergwerkseigentümer durch die Ausübung des Enteignungsrechtes ein Eingriff in die Eigentumssphäre des Grundbesitzers rechtlich ermöglicht wird, wenn ohne diesen Eingriff die Mineraliengewinnung unmöglich wäre, steht ein gleiches Zwangsrecht dem Grundeigentümer für die Zwecke der Ausübung seiner Eigentumsherrschaft gegen den Bergwerkseigentümer nicht zu. Der Grundeigentümer kann vielmehr ein Zwangsrecht nur nach § 365 a. b. G. B. gegen volle Schadloshaltung des Bergwerkseigentümers geltend machen, wenn es das allgemeine Beste erheischt. Der gewöhnliche Fall einer derartigen Enteignung des Bergwerkseigentums ist der im § 2, Zahl 4 des Gesetzes vom 18. Februar 1878, R. G. Bl. Nr. 30 vorgesehene Fall, daß über die Oberfläche verliehener

Grubenfelder Eisenbahnen gebaut werden. Sonst ist dem Grundeigentümer nach § 364 a. b. G. B. jeder Eingriff in die Rechte des Bergwerkseigentümers untersagt. Der Grundeigentümer kann und darf daher die Oberfläche nicht in einer Art benützen, daß hierdurch die unter der Oberfläche sich vollziehende Mineraliengewinnung erschwert oder gar verhindert wird, er ist demnach auch nicht befugt, die Oberfläche in eine exempte Fläche zu verwandeln, oder auf der Oberfläche ein exemptes Objekt, beispielsweise ein Gebäude zu errichten, wenn dadurch in Gemäßheit des § 99 a. B. G. unmittelbar das Zwangsrecht des Bergwerkseigentümers und mittelbar die Mineraliengewinnung vereitelt wird.

Ist aber dem Grundeigentümer nicht gestattet, sich im Wege der Enteignung das Recht zu sichern, daß der Bergwerkseigentümer unter einem Teile der Oberfläche die Mineraliengewinnung unterlasse, so kann es noch weniger zulässig sein, daß der Grundeigentümer durch bloße Willkürakte einen Zustand schaffe, infolgedessen der Bergwerkseigentümer die Mineraliengewinnung unterlassen müßte.

Schon von dieser Erwägung ausgehend ist es nicht zweifelhaft, daß eine Bauführung auf der Oberfläche, oder eine ähnliche Verwendung derselben zum Nachteile der Mineraliengewinnung einen unzulässigen Eingriff in das Bergwerkseigentum im Sinne des § 364 a. b. G. B. beinhaltet. Dies ergibt sich auch unmittelbar aus dem Gesetze selbst.

Werden zunächst die Ausführungen Randas („Das Eigentumsrecht", Seite 115) auf den vorliegenden Fall angewendet, dann wäre es dem Grundeigentümer nicht gestattet, das dem Bergwerkseigentümer kraft Gesetzes zustehende Zwangsrecht und somit das im § 123 a. B. G. dem Beliehenen eingeräumte ausschließende Recht zur Mineraliengewinnung durch Bauführungen oder in einer sonstigen Art zu vereiteln, weil in dem Behindern des Nachbars, sein Eigentum auszuüben, ein Eingriff erblickt werden muß. Es wird nämlich durch die

Umgestaltung der Oberfläche in ein exemptes Objekt derart auf das Bergwerkseigentum, also auf eine fremde Sache eingewirkt, daß der Bergwerkseigentümer die Mineraliengewinnung, zu welcher er sonst ausschließlich befugt wäre, im Interesse des Grundeigentümers unterlassen müßte, als ob der Grundeigentümer ihm gegenüber die Servitut der Unterlassung des Mineralienabbaues erworben hätte.

Nach Krainz, „System des österreichischen allgemeinen Privatrechtes", Band I, Seite 545, darf „die Handlung des Grundeigentümers, wenn sie auch in Ausübung des Eigentumsrechtes erfolgt, fremde Rechte nicht verletzen." „Jede Beschädigung einer fremden Sache, mag sie auch zugleich Ausübung eines eigenen Rechtes enthalten, ist eine Rechtsverletzung." Wird daher durch die Umgestaltung der Oberfläche in eine exempte Fläche unmittelbar das dem Bergwerkseigentümer gesetzlich gewährleistete Enteignungsrecht und mittelbar das Recht zur Mineraliengewinnung verletzt, so liegt ein Eingriff in ein fremdes Recht vor.

Nach Stubenrauch, „Kommentar zum österreichischen allgemeinen bürgerlichen Gesetzbuche", 8. Auflage, Seite 436, finden die Rechte des Eigentümers ihre natürliche Begrenzung darin, daß durch die Ausübung derselben kein Eingriff in die Rechte eines Dritten geschehen darf. Nach der Praxis des obersten Gerichtshofes liegt immer ein Eingriff in fremde Rechte gemäß § 364 a. b. G. B. vor, wenn die an sich erlaubte Ausübung des Eigentumsrechtes ein fremdes Recht objektiv verletzt. Darnach ist der Grundeigentümer weder in Ausübung eines etwaigen Zwangsrechtes noch in Ausübung seines Eigentumsrechtes befugt, die Mineraliengewinnung direkt oder indirekt zu vereiteln.

Die vorstehende Regelung des Rechtsverhältnisses zwischen Bergbau und Grundeigentum, welche so sehr der Natur der Sache entspricht und unmittelbar aus dem Gesetze abgeleitet wird, erfährt auch durch die nachstehenden Ausführungen eine

Unterstützung, welche der neueren Rechtsliteratur entnommen sind:

1. Dr. Ludwig Haberer zitiert in seiner Vierteljahresschrift „Bergrechtliche Blätter", III. Jahrgang 1908, 3. und 4. Heft, Seite 151, die Motive zu dem Entwurfe des sächsischen Regal-Bergbaugesetzes vom Jahre 1849, welches mit unserem Berggesetze verwandt ist, wörtlich wie folgt:

„Dem Bergwerksunternehmer ist durch das Gesetz das Recht des Bergbaubetriebes zugesichert und durch die Verleihung eines gewissen Grubenfeldes wird ihm das Eigentum an den darin befindlichen verleihbaren Mineralien übertragen. Er hat daher Anspruch auf Rechtsschutz gegen jeden Dritten, welcher ihn in Ausübung seines Eigentumsrechtes hindern will, folglich auch, wenn er aus öffentlichen oder volkswirtschaftlichen Gründen in seinem Rechte beschränkt werden muß, Anspruch auf Entschädigung. Ist auch das Recht des Grundeigentümers, auf seinem Grundeigentum Anlagen zu errichten, als ein Recht der natürlichen Freiheit älter, als das dem Bergwerksunternehmer verliehene Recht des Bergbaubetriebes, so tritt doch notwendigerweise durch die Bergwerksverleihung eine Beschränkung jenes Rechtes ein, infolge deren der Grundeigentümer verbunden ist, sich bei eintretenden Kollisionen der Errichtung von den Bergbaubetrieb behindernden Anlagen zu enthalten, oder beziehentlich den Bergwerksunternehmer zu entschädigen. Wollte man diesen Grundsatz nicht anerkennen, so würde das Bergwerkseigentum des Rechtsschutzes, welchen die Verfassungsurkunde jeder Art des Eigentums zugeteilt wissen will, entbehren und es würde in Ermangelung dieses Rechtsschutzes niemand wagen, einen kostspieligen Bergbau zu unternehmen, auf diese Weise aber der Zweck der Freierklärung des Bergbaues vereitelt werden."

Haberer schließt sich im allgemeinen dieser Motivierung an, wie sich speziell aus seinen weiteren Ausführungen auf

Seite 152 bis einschließlich 155, und aus den dort von ihm zitierten Rechtsanschauungen anderer Bergjuristen ergibt.

2. Haberer und Zechner, „Handbuch des österreichischen Bergrechtes", behaupten Seite 396 und 398 wörtlich folgendes:

„Soviel ist sicher, daß die Bestimmung des § 106 nur dann eine praktische Bedeutung haben kann, wenn der Bergwerksbesitzer in der Lage ist, einen beabsichtigten Bau durch seinen Einspruch zu verhindern, oder wenigstens sich gegen allfällige, nach der Errichtung des Baues vom Bauführer erhobene Ansprüche auf Ersatz der infolge des Bergbaubetriebes eintretenden Schäden zu verwahren. Diese Möglichkeit erscheint ihm aber nur dann gegeben, wenn er der Baukommission gleich einem Anrainer beigezogen wird."

3. Dr. Leuthold, „Das österreichische Bergrecht", erklärt auf Seite 164 folgendes:

„Denkbarerweise kann übrigens nicht bloß eine Entschädigungspflicht des Grubenbesitzers gegenüber dem Grundeigentümer, sondern umgekehrt auch eine solche des letzteren gegenüber dem ersteren in Frage kommen, z. B. wegen übermäßiger Belastung nahe unter Tage umgehender Grubenbetriebe durch Neubauten des Grundbesitzers, oder Gefährdung ersterer durch Teichanlagen usw. In dieser Beziehung bestehen aber keine besonderen bergrechtlichen Grundsätze, sondern die Entscheidungsnorm hierfür wird durch das allgemeine bürgerliche Recht gebildet."

4. Dr. Erwin Kapper, „Bergbau und Eisenbahn", Seite 47:

„Wollte man dem Bergwerkseigentümer ein Recht auf Schadloshaltung versagen, so wäre es mit der auch nach unserem Rechte bestehenden Gleichstellung des Bergwerkseigentums gegenüber dem Grundeigentume kaum vereinbar, daß der Bergwerkseigentümer für jeden Eingriff Ersatz zu bieten hat, den Grundeigentümer aber keine Ersatzpflicht treffen sollte, wenn er ins Bergwerkseigentum einen Eingriff ausübt."

Aus allen diesen Erwägungen ergibt sich, daß der Bergwerkseigentümer die Behinderung des ihm verliehenen Abbaurechtes durch Verfügungen des Grundeigentümers welcher Art immer nicht zu dulden braucht und daß ihm hiergegen ein Einspruchsrecht zusteht.

c) Das besondere Rechtsverhältnis des Bergwerkseigentümers gegenüber einer obertägigen Bauführung.

Es kann weder dem allgemeinen Berggesetze noch der Bauordnung zugemutet werden, daß sie ein allgemeines Bauverbot zugunsten verliehener Grubenmassen statuieren. Hierzu liegt keine Veranlassung vor, denn es gibt Bergbaue, welche unter der Erdoberfläche umgehen und die Verbauung der Oberfläche nicht behindern. Der Bergbau, welcher sich in Gängen bewegt, vollzieht sich unter Häusern und Kirchen, ohne dieselben im geringsten zu gefährden. Es gibt auch Kohlenbergbaue in großen Tiefen, welche die auf der Oberfläche befindlichen Häuser nicht tangieren. Warum soll bei dieser Sachlage durch das Gesetz ein allgemeines Verbot der Bauführung auf verliehenen Grubenfeldern statuiert werden?

Es ist aber unrichtig, wenn aus dieser Tatsache gefolgert wird, daß der Grundbesitzer ganz nach seiner Willkür ohne Rücksicht auf die unterhalb oder in der Nähe der Baustelle gelagerten vorbehaltenen Mineralien die Oberfläche verbauen dürfe. Noch weniger schlüssig ist die Begründung mancher Entscheidungen, daß einerseits die Bauführung auf verliehenen Grubenmassen in dem Gesetze nicht verboten und andererseits eine Gefährdung des zu errichtenden Gebäudes ausgeschlossen ist, weil nach dem Berggesetze der Bergwerkseigentümer zum Schutze dieser zu errichtenden Gebäude Bergbaubeschränkungen dulden muß.

In keinem Falle ist es zu rechtfertigen, daß der k. k. Verwaltungsgerichtshof die Entscheidung, ob die Bauführung auf verliehenen Grubenfeldern statthaft sei, den ordentlichen Gerichten zuweist, gleichwohl aber meritorisch dahin entscheidet, daß sich eine Beschränkung des Eigentümers der Grundoberfläche aus den Bestimmungen des Berggesetzes nicht ableiten lasse, daß vielmehr aus den Bestimmungen der §§ 106 und 107 des Berggesetzes gefolgert werden müsse, daß Bauführungen innerhalb eines Grubenfeldes auch nach dessen Verleihung vollkommen zulässig seien. Entweder es ist diese Rechtsansicht begründet, dann bleibt für die Gerichte nichts mehr zu entscheiden übrig, oder es haben über diese Frage ausschließlich die Gerichte zu entscheiden, dann kommt es nicht dem k. k. Verwaltungsgerichtshofe zu, eine Entscheidung zu fällen, vermöge welcher der Grundeigentümer kein Recht hätte, eine obertägige Bauführung zu untersagen.

Schon aus den Ausführungen über das allgemeine Rechtsverhältnis zwischen dem Bergwerkseigentum und dem Grundeigentum ergibt sich, daß dem Bergwerkseigentümer ein Einspruchsrecht gegen Handlungen des Grundeigentümers zusteht, welche sich als ein Eingriff in das Bergwerkseigentum darstellen. Es ist aber dieses Einspruchsrecht des Bergwerkseigentümers nicht etwa bloß ein privatrechtlicher, von den Gerichten zu schützender Anspruch, sondern es ist die aus obertägigen Bauführungen resultierende Behinderung der Mineraliengewinnung einerseits und die Möglichkeit einer aus dem Bergbaue dem projektierten Gebäude drohenden Gefahr andererseits im öffentlichen Interesse von Amts wegen durch die Baubehörde selbst zu berücksichtigen. Dies ergibt sich nicht nur aus den Bestimmungen des Berggesetzes, sondern auch aus den Bestimmungen der Bauordnung.

1. Bestimmungen des Berggesetzes.

In dieser Richtung sind, von der Intention des Berggesetzes und der Verfasser desselben ganz abgesehen, die §§ 106, 174 und 220 des Berggesetzes besonders in Betracht zu ziehen, weil sie klar ergeben, daß die Baubewilligung zu verweigern ist, wenn durch ein auf einem verliehenen Grubenfelde aufzuführendes Gebäude die Gewinnung des vorbehaltenen Minerals verhindert oder erschwert werden sollte.

aa) Auslegung des § 106 des Berggesetzes.

Der § 106 des Berggesetzes lautet wörtlich: „Für Beschädigungen an solchen Gebäuden oder anderen Anlagen, welche innerhalb eines Grubenfeldes erst nach dessen Verleihung ohne obrigkeitliche Baubewilligung errichtet worden sind, ist der Bergwerksbesitzer nicht verantwortlich."

Der Sinn dieser Bestimmung ist folgender:

Sind Beschädigungen an Gebäuden oder anderen Anlagen, welche innerhalb eines Grubenfeldes erst nach dessen Verleihung errichtet werden sollen, durch Bergbau zu gewärtigen, ist die Baubewilligung zu versagen. Wird daher die obertägige Anlage dessenungeachtet ohne obrigkeitliche Baubewilligung errichtet und sodann durch Bergbau beschädigt, ist der Bergwerksbesitzer hierfür nicht verantwortlich.

Nur der letztere Folgesatz konnte naturgemäß in das Berggesetz aufgenommen werden, weil dieses nur die Konstituierung, den Inhalt und die Art der Ausübung der Bergbaurechte zu regeln hat, wogegen es der Bauordnung überlassen werden muß, die Normen für die Erteilung der Baubewilligung aufzustellen.

Dem System des Berggesetzes war es angepaßt, den Folgesatz unter die Marginalrubrik ,,Vergütung von Bergschäden" einzureihen, um ganz präzise die berggesetzliche Sanktion zur Geltung zu bringen, daß für einen einem Gebäude oder einer anderen obertägigen Anlage zugefügten Bergschaden den Bergwerksbesitzer keine Ersatzpflicht treffe, wenn für diese, nach der Verleihung des Grubenfeldes zu errichtende obertägige Anlage die erforderliche Baubewilligung nicht erwirkt worden ist.

Daß aber die Baubewilligung aus öffentlichen Rücksichten nicht erteilt werden darf, wenn das zu errichtende Gebäude den unter der Baustelle oder in deren unmittelbaren Nähe umgehenden oder zu gewärtigenden Bergbau verhindern, beziehungsweise dieser Bergbau das zu errichtende Gebäude gefährden könnte, das war nach dem Stande der zur Zeit der Kundmachung des Berggesetzes in Wirksamkeit gewesenen Bauordnungen ebenso selbstverständlich, wie sich dies aus den gegenwärtig geltenden Bauordnungen klar ergibt.

Eine gegenteilige Argumentation hätte keinen Sinn, und zwar dies aus nachstehenden Erwägungen:

a) Was zunächst die in der Judikatur aufgestellte Behauptung betrifft, es folge gerade aus § 106, daß Bauführungen auf verliehenen Grubenfeldern auch nach deren Verleihung vollkommen zulässig sind, so bedarf diese offenbar irrtümliche Gesetzesinterpretation, die den § 106 jeder ratio legis entkleidet, in Anbetracht der vorangegangenen Ausführungen keinerlei Widerlegung.

b) Wenn weiter behauptet wird, die Bauführung sei zulässig, wenn der Bergwerksbesitzer nicht zuvor die Baustelle durch den verwaltungsrechtlichen Akt der Enteignung zum Zwecke der bergbaulichen Benützung eingelöst hat, so wurde weiter gezeigt, daß die Enteignung mit der Bauführung in den meisten Fällen gar nicht korrespondiert und daß die Enteignung zum Zwecke der Verhinderung der Bauführung weder notwendig, noch in der Regel zulässig ist.

Wäre die Rechtsansicht begründet, daß der Grundeigentümer durch Bauführungen, oder andere obertägige Anlagen die Disposition über die vorbehaltenen, seiner Eigentumsherrschaft vollends entrückten Mineralien dem Bergwerkseigentümer ganz willkürlich entziehen könnte, wenn dieser nicht zuvor die Oberfläche enteignet hätte, dann wäre aus Anlaß der Errichtung obertägiger Anlagen prinzipiell eine Kollision zwischen Grund- und Bergeigentum undenkbar, und es wäre damit der Rechtsgrundsatz anerkannt, daß der Grundeigentümer trotz der Existenz des unter seiner Oberfläche umgehenden Bergwerkseigentums absolut unbeschränkt ist und daß es wohl Eingriffe des Bergwerksbesitzers in das Grundeigentum, nicht aber umgekehrt Eingriffe des Grundbesitzers in das Bergwerkseigentum gebe.

Da aber die im § 364 a. b. G. B. aufgestellten Beschränkungen des Eigentumsrechtes auch für die Ausübung des Grundeigentums gelten, und da die rechtlichen Kollisionen zwischen Bergbau und Grundeigentum, wenn auch nur notdürftig im Berggesetze und in anderen Gesetzen, beispielsweise in der Ministerialverordnung vom 2. Januar 1859, R. G. Bl. Nr. 25, geregelt werden und tatsächlich existieren, so ist diese Rechtsansicht keine Lösung, sondern einfach eine Negierung dieser rechtlichen Kollision zwischen Grund- und Bergwerkseigentum.

c) Aber auch die am meisten verbreitete Ansicht (siehe die Abhandlung Dr. Frankls, „Haftpflicht für Bergschäden“ in der Zeitschrift für Bergrecht 1892, Seite 111), es stelle der § 106 nur die negative gesetzliche Sonderbestimmung dar, daß der Bergwerksbesitzer Bergschäden an Gebäuden nur in dem einen Falle nicht zu verantworten habe, daß das Gebäude ohne obrigkeitliche Baubewilligung errichtet worden ist, enthält keine wie immer geartete Erklärung für die Existenzberechtigung des § 106. Diese Argumentation kommt einer Widerholung des Inhaltes des § 106 gleich, ohne daß weiter nach der ratio legis geforscht wird, und so kann auch diese Auslegung des § 106 absolut nicht befriedigen.

Es erübrigt daher keine andere Auslegung als die, daß die im § 106 enthaltene Sanktion einzig und allein darin ihren Rechtsgrund findet, daß eine Baubewilligung für eine obertägige Anlage innerhalb eines verliehenen Grubenfeldes undenkbar ist, wenn der gegenwärtige oder zukünftige Bergbau das zu errichtende Gebäude beschädigen könnte.

Daß diese Rechtsansicht die einzig richtige ist, wird begründet wie folgt:

1. Dem § 106 liegt, wie sich aus dessen Wortlaute ergibt, der nachstehende Tatbestand zugrunde:

a) Die Baustelle befindet sich innerhalb eines verliehenen Grubenfeldes.

b) Durch den Bergbau können die auf diesem verliehenen Grubenfelde zu errichtenden obertägigen Anlagen beschädigt werden.

c) Es haftet daher der Bergwerksbesitzer für diese Beschädigungen nicht, wenn für die obertägige Anlage nicht zuvor eine obrigkeitliche Baubewilligung erwirkt worden ist.

Der § 106 kann nicht auf die Absicht zurückzuführen sein, die Baubewilligung für derartige Gebäude oder obertägige Anlagen vorzuschreiben, denn die Baubewilligung muß kraft des Gesetzes immer erfolgen, mag das Gebäude auch außerhalb des verliehenen Grubenfeldes errichtet werden. Die ausdrückliche Hervorkehrung der Notwendigkeit der Baubewilligung mit besonderer Bezugnahme auf die Lage der Baustelle innerhalb eines verliehenen Grubenfeldes muß daher Grund und Ursache haben. Diese Ursache ist im § 106 expressis verbis genannt, indem der Beschädigung derartiger Gebäude durch Bergbau ausdrücklich gedacht wird. Die Baubewilligung wird deshalb als unerläßlich erwähnt, weil der Bergbau das innerhalb des verliehenen Grubenfeldes zu errichtende Gebäude beschädigen könnte. So wie aber in einem Inundationsgebiete die Baubewilligung aus öffentlichen Rücksichten versagt werden muß, wenn die Baustelle durch Inundation gefährdet wäre, so kann unmöglich die Baubewilligung erteilt werden, wenn dem Gebäude in ähnlicher Art innerhalb des verliehenen Grubenfeldes durch Bergbau Gefahr droht. Wird daher ungeachtet dieser Gefahr das Gebäude dennoch ohne Baubewilligung errichtet, so haftet der Bergwerksbesitzer nicht für den an dem Gebäude zwar durch Bergbau verursachten, aber selbst verschuldeten Schaden des Grundeigentümers.

2. Die ratio legis ist unschwerzu finden. Wenn jemand ein

Haus beschädigt, ist er ersatzpflichtig, ohne Unterschied, ob das Haus mit oder ohne Baubewilligung errichtet worden ist. Nur der Bergwerksbesitzer allein und sonst niemand auf der Welt ist ungeachtet der Beschädigung des Gebäudes durch Bergbau nicht ersatzpflichtig, wenn für dasselbe der Baukonsens nicht erwirkt worden ist. Der Grund für diese außerordentliche, ganz exzeptionelle Ausschließung der Ersatzpflicht kann nur darin gelegen sein, daß der Konsens für die Errichtung des Gebäudes voraussichtlich nicht hätte erteilt werden können und dürfen, wenn eine Beschädigung desselben durch den gegenwärtigen oder zukünftigen Bergbau anläßlich der Baukommission hätte vorausgesehen werden können. Hätte sich daher der Grundbesitzer an das Gesetz gehalten und hätte er um diese Baubewilligung angesucht, so wäre ihm dieselbe verweigert worden; er hätte das Gebäude nicht errichten können und es wäre ein Bergschaden rücksichtlich eines solchen Gebäudes nicht möglich gewesen.

Wäre es aber für die Erteilung der Baubewilligung vollkommen gleichgültig, ob das Haus auf einem verliehenen Grubenfelde zu stehen kommt und ob die Möglichkeit der Beschädigung des Gebäudes durch den gegenwärtigen oder zukünftigen Bergbau ausgeschlossen, oder ob sie wahrscheinlich ist, und müßte die Baubewilligung ohne Rücksicht auf den verliehenen Bergbau erteilt werden, dann wäre es nicht abzusehen, aus welchem Grunde der Bergwerksbesitzer nicht wie jeder Dritte auch für die Beschädigung von Gebäuden ersatzpflichtig sein sollte, für welche keine Baubewilligung erwirkt worden ist.

Aus allen diesen Erwägungen ergibt sich ganz klar, daß nach Vorschrift des Berggesetzes von der Baubehörde die Lage des Baugrundes auf einem verliehenen Grubenfelde und die Möglichkeit der Gefährdung des projektierten Gebäudes durch Bergbau strenge zu beachten sind und daß es unrichtig ist, wenn die Judikatur ganz gegenteilig argumentiert, es ergebe sich aus § 106, daß Bauführungen auf Grubenfeldern auch nach deren Verleihung vollkommen zulässig sind.

bb) Schlußfolgerungen aus dem steten Betrieb im Bergbaue.

Die vornehmste Pflicht, welche dem Bergbaubesitzer im öffentlichen Interesse im § 174 des Berggesetzes auferlegt worden ist, ist der stete Betrieb. Zum steten Betriebe jedes Baues in verliehenen Feldern wird erfordert, daß derselbe an jedem Arbeitstage durch eine achtstündige Arbeitszeit mit der nach der Beschaffenheit des Ortes und dem Zwecke des Betriebes erforderlichen Anzahl von Arbeitern belegt sei. In verliehenen Grubenmassen muß zugleich auch mindestens jeder Hauptgrubenbau stets fahrbar erhalten werden, der Abbau aber möglichst vollkommen und auf solche Weise geschehen, daß der weitere Aufschluß weder vom Bergwerksbesitzer noch von anderen Personen mit oder ohne Vorwissen des Bergwerksbesitzers unnötigerweise verhindert oder erschwert werde.

Zur Zeit der Erlassung des Berggesetzes vom Jahre 1854 hatte man es als Regel angesehen, daß das verliehene Grubenfeld sich im steten Betriebe befindet. Daß es aber mit dieser Verpflichtung unvereinbar ist, den weiteren und vollkommenen Aufschluß des Grubenfeldes dadurch zu verhindern oder zu erschweren, daß man die Oberfläche verbaut oder in anderer Art vermacht, das bedarf keines Beweises.

Ist der stete Betrieb und der vollkommene Aufschluß des Minerals eine Forderung des öffentlichen Rechtes, so ist es eine korrespondierende, im öffentlichen Rechte begründete Verpflichtung jedermanns, also auch des Grundeigentümers und der Baubehörde, den steten Betrieb und den vollkommenen Aufschluß des Minerals nicht zu verhindern.

Dieser Verpflichtung kann sich der Bergwerksbesitzer auch nicht durch Vereinbarungen mit dem Grundbesitzer entziehen, indem er einwilligt, daß die Oberfläche des aufzuschließenden Grubenfeldes verbaut werde, oder indem er etwa eine Servitut im Bergbuche eintragen läßt, daß er zum Schutze eines derart zu errichtenden Gebäudes den Bergbau unterlassen werde.

Eine Belastung des Bergbaues mit Bergbaudienstbarkeiten ist nur im Falle der Not unter den Voraussetzungen des VIII. Hauptstückes des Berggesetzes und selbst dann nur mit Genehmigung der Bergbehörde (§ 193 des Berggesetzes) zulässig.

Erfordert aber die Einräumung einer wahren Bergbaudienstbarkeit, welche gewöhnlich den Zweck der Wetter- und Wasserlösung hat und nur auf einen Notstand gegründet werden kann, die Genehmigung der Bergbehörde, so kann es nicht in der Willkür des Bergwerksbesitzers liegen, ohne Not dem Grundeigentümer gegenüber auf den Aufschluß des Minerals zu verzichten und ohne Wissen der Bergbehörde die Servitut, den Bergbau unter einem Teile der Oberfläche zu unterlassen, in das Bergbuch eintragen zu lassen.

Es können daher kraft öffentlichen Rechtes der Bergwerksbesitzer und der Grundeigentümer nicht willkürlich über die Ermöglichung oder Unterlassung des Aufschlusses des vorbehaltenen Minerals in Form von Servitutsverträgen disponieren.

Die Verbauung eines verliehenen Grubenfeldes mit Wohngebäuden ist somit kraft öffentlichen Rechtes unstatthaft, weil der vollkommene Aufschluß des Minerals eines der primärsten Gebote des Berggesetzes ist. Der Umstand, daß sich seit Erlassung des allgemeinen Berggesetzes die tatsächlichen Verhältnisse insofern geändert haben, als heute nicht der stete Betrieb in den verliehenen Grubenfeldern, sondern die Fristung der Grubenmassen die Regel bildet, ist nicht geeignet, die dem steten Betriebe der Grubenmassen angepaßten Bestimmungen des Berggesetzes zu alterieren und für die Beantwortung der Frage der Zulässigkeit einer Bauführung den Unterschied zwischen einem im steten Betriebe befindlichen Grubenmasse und einem nicht aufgeschlossenen oder befristeten Grubenmasse aufzustellen.

cc) Die Oberaufsicht der Bergbehörden.

In Gemäßheit des § 220 a. B. G. steht den Bergbehörden die Oberaufsicht über den Bergbaubetrieb zu. Vermöge dieser imperativen Vorschrift haben die Bergbehörden über die Erfüllung der Pflichten zu wachen, welche das Berggesetz den Bergbauunternehmern auferlegt. Die Bergbehörden haben daher von amtswegen einzuschreiten, wenn mit oder ohne Zustimmung des Bergwerksbesitzers der Bergbau behindert werden sollte. Die Bergbehörden dürfen nicht zulassen, daß die Oberfläche des verliehenen Grubenfeldes in sogenannte exempte Objekte verwandelt werde, innerhalb oder unterhalb derer der Bergbau in Gemäßheit der Vorschriften der §§ 17 und 99 des a. B. G. unzulässig wäre.

Wenn es gestattet wäre, daß der Grundbesitzer die Oberfläche des verliehenen Grubenfeldes in eingefriedete Haus-, Zier- oder andere Gärten verwandelt, wenn er die Fluren mit Mauern umgeben oder auf dem verliehenen Grubenfelde Häuser errichten könnte, so könnte hierdurch der Bergbau nach Willkür unmöglich gemacht werden. Dagegen einzuschreiten ist eine den Bergbehörden im § 220 des a. B. G. auferlegte Verpflichtung, vermöge welcher sie in allen Fällen einzuschreiten haben, in welchen die Erhaltung des Bergbaues besondere Vorkehrungen erfordert. Diese Vorkehrungen zu regeln und die Bedingungen des Einschreitens der Bergbehörde zu normieren, kann nicht Aufgabe der Bauordnung sein und aus dem Mangel diesfälliger Bestimmungen in der Bauordnung kann nicht gefolgert werden, daß es der Bergbehörde verwehrt sei, bei der Baukommission zu intervenieren und die Unterlassung der Bauführung zu fordern.

Genügen die Bestimmungen des XII. Hauptstückes, um aus denselben das Recht abzuleiten, im Interesse und zum Schutze von bestehenden Gebäuden und anderen Anlagen einzuschreiten, dann ist nicht abzusehen, warum dieses Hauptstück nicht ausreichen sollte, um gegen Handlungen des Grundbesitzers einzuschreiten, welche den Bergbau zu vernichten oder wenigstens zu behindern und einzuschränken geeignet sind.

Das Berggesetz statuiert, daß die Behörden in allen Fällen einzuschreiten haben, in welchen die Erhaltung des Bergbaues besondere Vorkehrungen erfordert. Der Umstand, daß diese besonderen Vorkehrungen nicht taxativ aufgezählt sind, weil dies nach der Natur der Sache unmöglich ist und daß das diesfällige Verfahren nicht detailliert geregelt erscheint, kann kein Grund sein, der Bergbehörde das Recht abzuerkennen, von Fall zu Fall nach billigem Ermessen besondere Vorkehrungen zum Zwecke der Erhaltung des Bergbaues zu treffen.

Wenn es theoretisch denkbar wäre, daß der Abbau eines ganzen Reviers oder eines ganzen Landes durch Handlungen der Grundbesitzer, beispielsweise durch bloße Einfriedungen vernichtet werden könnte und wenn die Bergbehörden kraft Gesetzes wirklich berufen sind, den Bergbau des Reviers oder des Landes zu erhalten, was für ein gesetzlicher Unterschied soll da gegenüber dem Falle bestehen, daß es sich nur um die Vernichtung des Bergbaues in einem Teile des Grubenfeldes handelt?

Schon im Artikel XXXVII des Bergwerksvertrages vom Jahre 1575 wurden die zugunsten des Bergbaues nötigen Einschränkungen des Grundeigentümers mit den Worten begründet: „weil die Regelung der Bergwerk nicht allein Uns, sondern auch dem ganzen Königreich ihme Grundherrn und also dem allgemeinen Nutz zu gutem gereicht."

Diese Gründe haben bei Erlassung des Berggesetzes vom Jahre 1854 fortbestanden und sie haben im § 220 des a. B. G. Ausdruck gefunden. Diese öffentlichen Rücksichten, welche in dem Berggesetze mehrfach umschrieben sind, gehören auch zu jenen öffentlichen Rücksichten, welche im § 47 der Bauordnung genannt sind und von welchen diese Gesetzesstelle vorschreibt, daß im allgemeinen die Bewilligung zur Erbauung neuer Wohngebäude zu versagen ist, wenn etwa andere, daher auch die im Berggesetze anerkannten öffentlichen Rücksichten gegründete Bedenken ergeben.

Faßt man die geschichtliche Entwicklung des Bergbaues zusammen und berücksichtigt man, daß die Verleihung Gottes, die Gnade Gottes der älteren Berggesetze im gegenwärtig geltenden Berggesetze „öffentliche Rücksicht" oder „öffentliches Interesse" genannt wird, dann kann man nicht behaupten, es seien gerade diese öffentlichen Rücksichten nach der Vorschrift der Bauordnung außer Acht zu lassen.

dd) Die Motive des Berggesetzes.

Daß der bloße Einspruch des Bergwerksbesitzers genügt, wenn durch Bauführungen der Gewinnung der vorbehaltenen Mineralien Abtrag geschehen sollte, um die Baubewilligung zu verweigern, daß die Baubewilligung in diesem Falle von Amts wegen zu versagen ist, weil ihr öffentliche Rücksichten entgegenstehen und daß dies auch durch den § 106 des Berggesetzes gesagt werden sollte, das ergibt sich auch aus jenen literarischen Behelfen, welche teils dem Berggesetze vom Jahre 1854 direkt zugrunde liegen, teils der Kundmachung des Berggesetzes unmittelbar nachgefolgt sind, daher mit dem Berggesetze zeitlich und organisch zusammenhängen und in der Hauptsache schon in meinem Bergschadenrechte Seite 87 u. f. und in jüngster Zeit von Dr. Albert Herbatschek in den Bergrechtlichen Blättern, Jahrgang 1909, Seite 235 u. f., zusammengestellt worden sind.

1. Im Jahre 1849 wurde auf Veranlassung des Ministeriums für Landeskultur und Bergwesen ein Entwurf zu einem Berggesetze nebst Motiven in Druck gelegt und den Behörden, sowie den Bergwerksbesitzern und Sachverständigen zur Begutachtung übermittelt. Es liefen über 250 Gutachten ein, welche nebst den älteren Bergordnungen und den Vorarbeiten zu dem eben genannten Entwurfe das Material für den revidierten Berggesetzentwurf des Jahres 1851 gebildet haben. Aus den sodann

neuerlich eingeleiteten Beratungen gingen zunächst ein dritter und endlich ein vierter Entwurf des Berggesetzes hervor. Dieser letztere Entwurf wurde als das Berggesetz vom 23. Mai 1854 kundgemacht.

Die Summe aller dieser Vorbereitungsarbeiten des Gesetzes hat der k. k. Sektionschef Karl von Scheuchenstuel unter dem Titel „Motive zum allgemeinen österreichischen Berggesetze" zusammengefaßt. Wie Scheuchenstuel in seinem Vorworte selbst anführt, geben diese Motive nicht nur eine vollständige Begründung des gefaßten und in dem Gesetze zum Ausdrucke gebrachten Beschlusses, sondern sie führen auch zu einem richtigen Verständnissse des Gesetzes. Zunächst äußert sich Scheuchenstuel auf Seite 234 in nachstehender Weise:

„Beachtenswerter ist der Vorschlag, den Bergwerksbesitzer gegen die Folgen neuer Bauführungen innerhalb seines Feldes zu schützen, welcher auch in dem § 106 berücksichtigt wurde."

Was sodann die spezielle Motivierung der §§ 106 und 107 betrifft, hat dieselbe auf Seite 247 des genannten Buches nachstehenden Wortlaut:

„Auch über die Frage, welche Verantwortung dem Bergwerksbesitzer gegen den Grundbesitzer obliege, wenn dieser über dem rechtmäßig geführten Grubenbau neue Anlagen oder Gebäude errichten wollte, waren die Ansichten geteilt, da sich eine Meinung dahin aussprach, daß dem Bergwerksbesitzer für solche Fälle jedesmal eine neue Entschädigungspflicht gegen den Grundeigentümer erwachse. Allein dieser Meinung stand die Überzeugung entgegen, daß der auf Grund einer Verleihung begonnene Bergbau auch das Recht zum sachgemäßen Betriebe desselben begründe, welcher durch letztere Unternehmungen des Grundbesitzers weder gefährdet noch beschränkt werden könne. Ja wollte man das von den Gegnern für den Grundbesitzer angesprochene Recht zugestehen, so würden insbesondere die meisten Kohlenbaue zur Unmöglichkeit.“

Dies ist nach Karl von Scheuchenstuel das Motiv für den § 106. Er bemerkt hierzu noch wörtlich:

„Es wurde hiebei vorausgesetzt, daß diese Baubewilligung nach Vorschrift der Gesetze nicht ohne Einvernehmen der Beteiligten gegeben werden könne, unter welche im angenommenen Falle der Bergwerksbesitzer ohnedem gehöre und wobei er sein Interesse wahren könne.“

Daraus ergibt sich zweifellos, daß der § 106 den Sinn haben sollte, daß auf Grubenmassen nicht gebaut werden dürfe, wenn der Kohlenabbau hierdurch zur Unmöglichkeit werden sollte, und daß die Ansichten nur in der Frage auseinandergingen, ob dem Grundeigentümer hierfür eine Entschädigung zugebilligt werden sollte, was abgelehnt worden ist.

2. Der schon im Jahre 1855, also ein Jahr nach dem neuen Berggesetze erschienene Kommentar des österreichischen Berggesetzes von Dr. Ferdinand Stamm äußert sich auf Seite 93 zum § 106 des a. B. G. wörtlich wie folgt:

„Aller Bergbau könnte durch den Grundbesitzer vereitelt werden, wenn es ihm gestattet wäre, auf verliehenen Grubenfeldern an solchen Orten, wo durch den Bergbau die Grundfeste gelockert ist, kostspielige Gebäude zu errichten und dann bei Beschädigungen Ersatz zu fordern, denn der Bergmann müßte sein Vermögen für solche Ersätze erschöpfen. Daher tritt diese vorstehende Gesetzesstelle zu seinem Schutze ein. Jeder Bau auf einem verliehenen Grubenfelde bedarf einer obrigkeitlichen Bewilligung; die Obrigkeit ist hier die politische Behörde, welche die Bergbehörde zuziehen muß. Diese hat zu untersuchen, ob durch den Tagbau der Grubenbau gehindert, oder der Abbau des verliehenen Minerallagers erschwert wird; ist dieses der Fall, so muß der Grundbesitzer den Bau unterlassen und kann nur auf die eigentümliche Übernahme des Grundes von Seite des Bergmannes dringen (§ 100). Baut der

Grundeigentümer trotz dieses Einspruches, oder ohne Wissen der Bergbehörde, so trägt er die Gefahr, welche der Bergbau seinem Gebäude bringt. Nur aus öffentlichen Rücksichten kann nach § 365 des a. b. G. B. der Grubenbesitzer zur Überlassung des verliehenen Grubenfeldes, also zur Enteignung des Bergwerkseigentums gegen angemessene Entschädigung verhalten werden, z. B. für den Bau von Eisenbahnen usw."

Man ersieht auch aus diesem Kommentar, daß zur Zeit der Erlassung des Berggesetzes niemand daran gedacht hat, daß eine mißbräuchliche Anwendung des § 106 des Berggesetzes dazu führen könnte, die Ausbeutung von Kohlenflözen durch eine obertägige Bauführung unmöglich zu machen.

3. Auch der damalige Professor des Bergrechtes an der Universität zu Wien, Otto Freiherr von Hiengenau hat in seinem, im Jahre 1855 bei Friedrich Manz erschienenen Handbuche der Bergrechtskunde, welches zum Gebrauche für die Vorlesungen an der k. k. Universität zu Wien geschrieben worden ist, auf Seite 398 die §§ 106 und 107 des Berggesetzes kommentiert wie folgt:

„Als sehr zweckmäßig muß in diesem Hauptstücke noch die Verfügung der §§ 106 und 107 hervorgehoben werden, wonach der Bergwerksbesitzer jeder Verantwortlichkeit für Schäden an solchen Baulichkeiten losgezählt wird, welche nach der Verleihung auf seinem Grubenfelde zustande kommen. Da ohne politische Baubewilligung kein solcher Bau ausgeführt werden darf, so muß dem Bauführer schon gelegentlich dieser Kommissionserhebungen bekannt werden, daß er auf einem Terrain baut, unter welchem sich Grubenanlagen befinden; er kennt daher die möglichen Folgen und muß sich, so gut er es vermag, dagegen verwahren, kann aber den vor ihm berechtigt gewesenen Bergbautreibenden weder beirren, noch von ihm Ersatz verlangen, denn dieser befindet sich in seinem Rechte und bei einer ohnehin in dessen Pflicht liegenden ordentlichen Bauführung in der Grube können die etwa vorkommenden Oberflächensenkungen nicht so allgemein sein, daß nicht ohne viele Schwierigkeit ein sicherer Platz für die Bauführung zu finden wäre.“

Also auch Hiengenau faßt den § 106 des Berggesetzes dahin auf, daß der Bergwerksbesitzer nicht durch eine Bauführung obertags in der Ausbeutung des Minerals beschränkt oder behindert werden dürfe, daß eventuell der Bauführer unschwer einen anderen sicheren Platz für seine Bauführung finden könne und daß er nicht berechtigt sei, eine Entschädigung zu beanspruchen.

4. Auch Gustav von Gränzenstein äußert sich in seinem Buche „Das allgemeine österr. Berggesetz“, Wien 1854, Seite 205, zum § 106 wörtlich wie folgt:

„Wenn innerhalb eines verliehenen Grubenfeldes, also später, als die Verleihung erfolgte, von dem Grundeigentümer oder anderen Personen neue Bauführungen vorgenommen werden, so kann der Bergwerkseigentümer für den Schaden, der diesen Bauführungen aus dem gesetzlich geleiteten Betriebe des Bergbaues erwachsen könnte, nicht verantwortlich gemacht werden, wenn derselbe gegen diese Bauführungen zu rechter Zeit Verwahrung eingelegt hat. Die im Gesetze vorkommende Klausel „ohne obrigkeitliche Baubewilligung“ wird dem Bergwerksbesitzer nicht nachteilig sein, da vorausgesetzt werden muß, daß zu Bauten innerhalb eines Grubenfeldes die Bewilligung nur dann erteilt wird, wenn der verständigte Bergwerksunternehmer dagegen nichts eingewendet hat oder wenn seine Einwendung von Kunstverständigen für unbegründet befunden wurde, oder wenn der Bauunternehmer auf jede Entschädigung ausdrücklich Verzicht leistet.“

Auf Grund der geschichtlichen Entwicklung des österreichischen Berggesetzes und der auf vorstehende Art in nahezu authentischer Weise sichergestellten Motivierung des § 106 des Berggesetzes ergibt sich daher unwiderleglich, daß eine

Bauführung auf verliehenen Massen nicht gestattet sei, wenn dadurch die Gewinnung der vorbehaltenen Mineralien behindert oder gar unmöglich gemacht werden sollte.

2. Bestimmungen der Bauordnung.

Die Bauordnungen als bloße Landesgesetze können naturgemäß nicht die Aufgabe haben, die materiellen Bestimmungen des Reichsgesetzes, als welches sich das Berggesetz darstellt, zu derogieren; sie stellen sich vielmehr als bloße Ordnungs- bzw. Durchführungsvorschriften dar, so weit es sich um einzelne Bestimmungen des Reichsgesetzes handelt, welche allenfalls bei einer Bauführung nicht übertreten werden dürfen, vielmehr beachtet werden müssen. Genau so wie die Bauordnung die in den Reichsgesetzen gewährleisteten militärischen, Verkehrs- oder Sanitätsrücksichten nicht derogieren kann, ebensowenig vermag die Bauordnung jene Rücksichten zu tangieren, welche nach der ausdrücklichen Bestimmung und nach der Natur des Berggesetzes wegen Aufrechthaltung des Bergbaues zu wahren sind. Dies alles schließt nicht aus, daß im Bereiche der Wirksamkeit einer speziellen Bauordnung nebstbei noch besondere, die Bauführung betreffende materielle Bestimmungen kodifiziert werden, so weit dieselben mit den Reichsgesetzen in Einklang zu bringen sind.

Was nun die Bauordnungen im einzelnen betrifft, hat es mit denselben die nachstehende Bewandtnis:

1. In erster Reihe kommen jene Bauordnungen in Betracht, welche zur Zeit der Kundmachung des Berggesetzes bestanden haben. Zur Vermeidung von Weiterungen sei auf die Bauordnung des Königreiches Böhmen verwiesen, welche infolge einer allerhöchsten Entschließung vom 4. März 1845 unter Aufhebung der Bauordnung vom 17. Mai 1833, Zahl 26 897 in bezug auf die Bauführungen in Städten, Dorfschaften und auf dem flachen Lande die mit dem hohen Hofkanzleidekrete vom 8. März, Zahl 8240 vorgezeichneten Bestimmungen kund-

gemacht hat. Der § 1 dieser Bauordnung lautet: „Kein Bau darf ohne Bewilligung der betreffenden politischen Baubehörde unternommen werden.“ Der § 4 bestimmt: „Nach Vorlegung des Gesuches um die Erteilung der Baubewilligung ist unverzögert von einem Abgeordneten einer politischen Behörde mit Beiziehung eines erfahrenen, unbefangenen Bau- oder Maurer- und Zimmermeisters, des Unternehmers, seines Bauführers und der beteiligten Nachbarn die örtliche Besichtigung vorzunehmen. Werden von den Nachbarn gegen den angetragenen Bau Einwendungen vorgebracht, die sich auf ihre Privatrechte beziehen und ist ein Übereinkommen nicht zu erzielen, so kann wohl von der Behörde nach erfolgter höherer Genehmigung der Pläne der Bau als in öffentlicher und polizeilicher Rücksicht zulässig erklärt werden, der Streit selbst ist jedoch auf den Rechtsweg zu verweisen.“

Andere, für die Zulässigkeit einer Bauführung maßgebende Bestimmungen, sowie spezielle Bestimmungen über die Bauführung auf verliehenen Grubenfeldern enthält die damalige Bauordnung nicht. Es ist also in dieser Bauordnung weder vorgeschrieben, daß der Bergwerksbesitzer, über dessen Grubenfeldern der Bau zu errichten ist, beizuziehen wäre, noch wird in der Bauordnung erklärt, welches die öffentlichen, oder polizeilichen Rücksichten sind, die bei der Baubewilligung zu beachten wären.

Insbesondere existierte in der damaligen Bauordnung nicht eine Bestimmung, wie sie die gegenwärtig geltende Bauordnung für Böhmen im § 47 enthält. Daraus allein ergibt sich, daß die damalige Bauordnung gar nicht beabsichtigt hat, die öffentlichen und polizeilichen Rücksichten taxativ aufzuzählen, welche der Erteilung der Baubewilligung hinderlich sein können, sondern daß die Baubewilligung in keinem Falle zu erteilen war, wo irgendein, in einem anderen Gesetze anerkanntes öffentliches Interesse verletzt werden konnte.

Die Vorschriften des Berggesetzes, wonach das vorbehaltene Mineral aus der Macht- und Dispositionssphäre des Grundeigentümers ausgeschaltet und dasselbe vom Bergwerksbesitzer nicht nur gewonnen, sondern vollkommen gewonnen werden mußte, sind imperativer, zwingender Natur; sie sind Vorschriften des öffentlichen Rechtes und sie können daher nicht durch die Erteilung einer Baubewilligung umgangen werden, wenn dieselbe geeignet ist, diese gesetzlich statuierten und anzustrebenden Zwecke zu vereiteln.

2. Die maßgebenden Bestimmungen der gegenwärtig geltenden Bauordnungen sind im Handbuche des österreichischen Bergrechtes von Haberer und Zechner, Seite 398 f. übersichtlich dargestellt. Am zweckmäßigsten erscheinen die Bestimmungen in der Bauordnung für Krain vom 5. Januar 1882, L. G. Bl. Nr. 7 und in der Bauordnung für Dalmatien vom 15. Dezember 1886, L. G. Bl. Nr. 11. Danach steht die baubehördliche Amtshandlung bei Bauführungen innerhalb verliehener Grubenfelder der politischen Bezirksbehörde zu. Zu der Lokalkommission sind der Bergbauberechtigte als Anrainer von Amtswegen und nach Maßgabe der Notwendigkeit auch ein oder zwei bergbaukundige Sachverständige und wenn es sich um Bauführungen über im Aufschlusse oder im Abbaue stehenden Grubenfeldern handelt, auch ein Abgeordneter des Revierbergamtes beizuziehen. Bei der Erledigung der Baugesuche haben die politischen Behörden im Einvernehmen mit den Bergbehörden vorzugehen.

Sonst schreiben nur die Bauordnungen für Böhmen, Galizien und Mähren vor, daß die Bergbaubesitzer den Baukommissionen beizuziehen sind, während die schlesische Bauordnung vorschreibt, daß die politische Bezirksbehörde die Entscheidung zu fällen hat, wenn es sich um eine Bauführung über bereits verliehenen Grubenfeldern handelt, wogegen unter den zur Baukommission vorzuladenden Interessenten der Bergwerksbesitzer nicht speziell angeführt wird.

Mögen aber alle diese Bauordnungen den Vorschriften des Berggesetzes mehr oder minder angepaßt sein, soviel ist gewiß, daß die Natur und der Inhalt des Bergwerkseigentums in dem einen Kronlande nicht anders gewürdigt werden darf, als in dem anderen. Immerhin sind die Bestimmungen der Bauordnungen für Krain und Dalmatien insofern charakteristisch, als sie deutlich zum Ausdrucke bringen, daß die Rücksichten auf den Bergbau öffentliche Rücksichten sind, welche von Amtswegen wahrzunehmen und daher geeignet sind, im Kollisionsfalle die Baubewilligung zu versagen.

3. Eine besondere Bedeutung haben der § 47 der böhmischen Bauordnung und die gleichen oder ähnlichen Bestimmungen der anderen Bauordnungen. Der § 47 der böhmischen Bauordnung hat nachstehenden Wortlaut:

„Im allgemeinen ist die Bewilligung zur Erbauung neuer Wohngebäude dort zu versagen, wo die Baustelle durch große Wassergefahr, Erdrutschungen, Steinablösungen oder andere Gefahren bedroht ist, oder andere öffentliche Rücksichten dagegen gegründete Bedenken erregen.“

Es ist bereits gezeigt worden, daß auch ohne diese ausdrückliche Bestimmung die Baubewilligung aus öffentlichen Rücksichten nicht erteilt werden darf, wenn durch die auf einem verliehenen Grubenfelde projektierte Bauführung das vorbehaltene Mineral nicht vollkommen aufgeschlossen werden könnte. Diese Behauptung findet in dem Wortlaute dieser gesetzlichen Bestimmung eine weitere Stütze, weil danach die Baubewilligung im allgemeinen zu versagen ist, wenn öffentliche Rücksichten gegründete Bedenken erregen.

Daß die im Berggesetze gegründeten öffentlichen Rücksichten weniger Bedeutung hätten, als Feuersicherheits-, Sanitäts-, Verkehrs-, militärische oder sonstige öffentliche Rücksichten, ist aus der Bestimmung des § 47 nicht zu ersehen.

In diesem Paragraphen ist weiter ausdrücklich normiert, daß die Baubewilligung insbesondere zu versagen ist, wenn die

Baustelle durch Erdrutschungen, Steinablösungen oder andere Gefahren bedroht ist. Zweifellos ist eine derartige Gefahr vorhanden, wenn die Gewinnung des Minerals die Lockerung der Erdoberfläche oder Einsturz derselben zur Folge hätte. Nichts deutet im Gesetze darauf hin, daß diese Gefahr schon im Momente des Ansuchens um die Baubewilligung vorhanden sein müsse, die Baustelle erscheint vielmehr gleich bedroht, ob sich eine nach dem Gesetze zu beachtende Gefahr, sie sei eine Inundation oder eine aus dem Bergbaue resultierende Gefahr, in näherer oder entfernterer Zeit verwirklichen könnte.

Werden das Berggesetz und die Bauordnung nach ihrem Wesen und wahren Zwecke erfaßt, wird die in diesem Punkte äußerst problematische, stets unsicher hin- und hertastende und jeder rechtlichen Basis entbehrende Judikatur des Verwaltungsgerichtshofes völlig unhaltbar.

Vom Standpunkte des Gesetzes gibt es bei der Entscheidung der Zulässigkeit von Bauführungen auf verliehenen Grubenmassen nicht jene Unterscheidungen, welche in dieser Judikatur zu finden sind und welche umschrieben werden können ungefähr wie folgt:

a) ob der Bergbau aufgeschlossen und im Betriebe oder ob er befristet, oder gar nicht aufgeschlossen ist;

b) ob der Bergbau schon bis zur Baustelle gediehen ist, oder ob sich der Bergbau bei seinem Fortschreiten der Baustelle erst in Hinkunft nähern wird und ob demnach die Baustelle infolge der Abbauwirkungen nicht mehr tragsicher ist, oder ob sie diese Tragfähigkeit erst in Hinkunft durch den fortschreitenden Abbau einbüßen wird;

c) ob der Bergbau das zu errichtende Gebäude und die darin wohnenden Personen zu gefährden geeignet ist, oder ob umgekehrt durch die obertägige Bauführung das Bergwerksobjekt selbst, oder die im Bergbaue beschäftigten Personen einer Gefahr ausgesetzt werden.

Weder durch das Berggesetz, noch durch die Bauordnung lassen sich derartige Unterscheidungen rechtfertigen und sie sind in der Judikatur nur möglich geworden, weil die im Berggesetze aufgestellten Rechtsprinzipien unbeachtet geblieben und jene Rechtsfolgerungen nicht gezogen worden sind, welche sich aus dem Begriffe des vorbehaltenen Minerals, dessen Bedeutung für die allgemeine Volkswirtschaft, sowie aus den maßgebenden Bestimmungen des Berggesetzes unabweislich ergeben.

IV. Schlußfolgerungen.

Aus den vorstehenden Erörterungen ergibt sich das nachstehende Gesamtresultat:

1. Es ist eine im Berggesetze gegründete Forderung des öffentlichen Rechtes, daß eine, der Gewinnung des vorbehaltenen Minerals abträgliche Verbauung der verliehenen Grubenfelder unterbleibe und daß die Baubehörden aus diesen, im öffentlichen Rechte gegründeten Bedenken, sowie wegen der dem Gebäude aus dem gegenwärtigen oder zukünftigen Bergbaue drohenden Gefahren die Baubewilligung von Amts wegen zu verweigern haben.

Es ist nicht dem bloßen Ermessen der Baubehörden anheimgegeben gegenüber den aus dem Bergbaue resultierenden öffentlichen Rücksichten und Gefahren die Baubewilligung zu erteilen oder zu verweigern, vielmehr sind die Bergbehörden und Bergbaueigentümer berechtigt und legitimiert, die Anwendung der diesfälligen gesetzlichen Bestimmungen zu fordern, weil die eventuelle Erteilung der Baubewilligung nicht bloß das öffentliche Interesse, sondern untrennbar auch die materiellen Rechte und Interessen des Bergbaubesitzers zu gefährden geeignet ist.

2. Da der Bergwerkseigentümer kraft eigenen Rechtes befugt ist, die Minerallagerstätte vollkommen abzubauen und ihm dieses Recht auch nicht zugunsten fremder Privatrechte verkümmert werden darf, wenn es auch nicht sofort im vollen Umfange ausgeübt werden kann (Haberer, Bergrechtliche Blätter, Jahrgang 1908, Seite 165), so ist es ein primärer Anspruch des Bergwerkseigentümers, auf die Unterlassung eines

jeden Eingriffes in sein Bergwerkseigentum, daher auch auf die Unterlassung der obertägigen Bauführung bei den Gerichten zu klagen, falls dieser Anspruch nicht von Amts wegen von der Baubehörde berücksichtigt worden wäre.

3. Der Bergwerksbesitzer ist zur Expropriation des Grundeigentums nur dann berechtigt und verpflichtet, wenn der Abbau so weit vorgeschritten ist, daß er ohne unmittelbare oder mittelbare Inanspruchnahme der Oberfläche nicht fortgesetzt werden kann.

Dagegen ist das Begehren um Enteignung nicht gegründet und der Bergwerksbesitzer ist zu einer solchen auch nicht verpflichtet:

a) wenn das verliehene Grubenfeld noch nicht so weit aufgeschlossen ist, oder unmittelbar so weit aufgeschlossen werden soll, daß die sofortige Inanspruchnahme des fremden Grundes gerechtfertigt wäre;

b) wenn ungeachtet des Bergbaues die zur Zeit geübte Art und Weise der Benützung des Grundeigentums auch weiterhin gewährleistet bleibt.

Aus dieser Unmöglichkeit oder Unzulässigkeit der Enteignung der allenfalls in Betracht kommenden Baustelle kann nicht die Rechtsfolgerung abgeleitet werden, daß deswegen die Verbauung derselben statthaft sei; es steht vielmehr die Unzulässigkeit dieser Verbauung in keinem wie immer gearteten Kausalzusammenhange mit der Enteignung der Baustelle.

4. Der Grundbesitzer hat keinen Anspruch auf Entschädigung dafür, daß die Bauführung unterbleiben muß, weil die Existenz des vorbehaltenen Minerals in dem, einem Dritten gehörigen Grund und Boden eine Ersatzpflicht nicht zu begründen vermag.

Eine andere Frage ist es, ob nicht aus Billigkeitsgründen in dieser Richtung eine Reform des Berggesetzes anzustreben wäre; diesfalls wird auf die Reformvorschläge Haberers in den Bergrechtlichen Blättern, Jahrgang 1908, Seite 166 f. und zur Charakterisierung der Rechtsfrage auf die ganz eigenartige und interessante Bestimmung des § 56 des Berggesetzes vom 28. April/10. Mai 1892 über die Bergwerksindustrie in den Gouvernements des Zarthums Polen (Zeitschrift für Bergrecht 1893, Seite 95) verwiesen, welche nachstehenden Wortlaut hat:

„Wenn der Grundbesitzer auf der Oberfläche eines zur Ausbeutung eines der im § 3 benannten Mineralien verliehenen Grubenfeldes irgendwelche Baulichkeiten auszuführen beabsichtigt, so muß er den Grubenfeldbesitzer davon benachrichtigen, welcher letztere das Recht hat, innerhalb eines Monates nach Empfang der Benachrichtigung Anzeige davon zu machen, daß er das Grundstück, auf welchem der Grundbesitzer die Bauten ausführen will, zu bergbaulichen Zwecken bedarf. Die Richtigkeit dieser Anzeige muß von dem Kreisingenieur bestätigt sein. In solchem Falle ist der Bergbautreibende verpflichtet, auf Verlangen des Grundbesitzers jenes Grundstück zu erwerben. Baut der Grundbesitzer ohne eine solche vorherige Benachrichtigung des Grubenfeldbesitzers, so verliert er das Recht auf Entschädigung für die Baulichkeiten, wenn dieselben mit der Zeit zu Bruche gebaut werden."

Eigene Reformvorschläge zu erstatten und zu begründen, fällt außerhalb des Rahmens dieser Abhandlung. Selbst dann, wenn man auf Grund des gegenwärtig geltenden Berggesetzes der Ansicht wäre, daß der Bergwerksbesitzer unter Umständen zum Ersatze der Wertverminderung des Grundstückes oder des sonstigen Schadens verpflichtet wäre, welchen der Grundeigentümer erleidet, weil er zugunsten des Bergbaues die obertägige Anlage unterlassen muß, könnte aus dieser Rechtsanschauung nur die Verpflichtung des Bergwerksbesitzers zur Entschädigung des Grundeigentümers, nicht aber die Berechtigung des letzteren abgeleitet werden, durch die Bauführung die Disposition über das vorbehaltene Mineral zu vereiteln.

Anhang.

Auszug aus den Erkenntnissen des k. k. Verwaltungsgerichtshofes.

Die Erkenntnisse des k. k. Verwaltungsgerichtshofes haben chronologisch geordnet den nachstehenden wesentlichen Inhalt:

1. „Das Recht auf den Betrieb der verliehenen Bergwerksmassen stellt sich als Privatrecht des Berechtigten dar, über dessen Bestand nicht von der Baubehörde abgesprochen werden kann; es ist vielmehr im ordentlichen Rechtswege zu entscheiden, ob und unter welchen Beschränkungen die als zulässig erkannte Bauführung vor Austragung des Rechtsweges zu gestatten sei und weiter die meritorische Frage, wem im Falle einer Kollision zwischen dem Rechte des Eigentümers zur Verbauung seiner Parzelle und den Rechten des Bergwerksbesitzers aus der Bergwerksverleihung eine Entschädigung gebühre.

Was endlich den Beschwerdepunkt betrifft, daß hier nicht bloß privatrechtliche, sondern auch wichtige ökonomische Interessen eintreten, welche bei der angefochtenen Entscheidung unberücksichtigt blieben, so behebt sich derselbe durch die Erwägung, daß solche Rücksichten vom Gesetzgeber im Auge zu behalten und seinen Statuierungen zu Grunde zu legen sind, daß sie aber als solche so weit sie nicht in einer besonderen gesetzlichen Bestimmung Ausdruck gefunden haben, der in einem einzelnen Falle lediglich nach Maßgabe des Gesetzes zu treffenden Entscheidung nicht entgegengestellt werden können" (Erkenntnis vom 20. Januar 1886, Zahl 3011, ex 1885, Nr. 2878).

2. Der Montanexperte hat sein Gutachten dahin abgegeben, „daß infolge der bereits geführten und noch zu erfolgenden Abbaue aller Wahrscheinlichkeit nach eine Senkung der Bauparzelle stattfinden werde, wenn auch dieselbe nicht groß sein dürfte“; „daß weiter die Senkung trotz der aufgetragenen Sicherheitsmaßregeln Risse hervorbringen müsse“; „insbesondere, daß die Senkungen derzeit für das Leben und die Gesundheit der Personen nicht gefahrdrohend sein werden.“

Dies ist der Inhalt des technischen Gutachtens, welcher der angefochtenen Entscheidung des Ministeriums des Innern zugrunde liegt, inhaltlich deren der Baukonsens vom Standpunkte der öffentlichen Sicherheit verweigert worden ist. „In die Frage, ob ungeachtet dieses Tatbestandes und der durch denselben als möglich bezeichneten Gefahren die Behörden sich darauf beschränken konnten, den Bau gegen Ausführung von Sicherheitsvorkehrungen zu genehmigen, oder aber ob den durch die Sachlage bedingten Gefahren nur durch die Konsensverweigerung zu begegnen war, hatte der Verwaltungsgerichtshof im Hinblick auf die Bestimmung des § 3 lit. e des Gesetzes vom 22. Oktober 1875 R. G. Bl. Nr. 36 ex 1876 nicht einzugehen“ (Erkenntnis vom 23. November 1887, Zahl 3202, Nr. 3779).

3. Darüber, ob die Behörde in Wahrnehmung der öffentlichen Sicherheitsrücksichten sich gleichwohl bestimmt finden sollte, die Führung des Baues zu untersagen, hatte der Verwaltungsgerichtshof im Hinblicke auf die Bestimmung des § 3 lit. e des Gesetzes vom 22. Oktober 1875 nicht zu erkennen, da der § 25 der Bauordnung für Mähren die Würdigung der öffentlich-rechtlichen Rücksichten dem freien Ermessen der Behörde anheimgibt. — Aus den Bestimmungen des Berggesetzes aber läßt sich die von der Beschwerde präsumierte Beschränkung des Eigentümers der Grundoberfläche nicht ableiten. Im Gegenteile folgt aus den Bestimmungen der §§ 106 und 107, daß Bauführungen innerhalb eines Grubenfeldes auch

nach dessen Verleihung vollkommen zulässig sind und daß die Beschränkung des Eigentümers obertags in dieser Richtung nur dahin festgestellt ist, daß er die obrigkeitliche Bewilligung für die Bauführung einzuholen hat. Eine formale Bestimmung, nach welcher die politische Behörde im Falle des Vorliegens eines solchen Baugesuches verpflichtet wäre, vor Erteilung des Baukonsenses eine bergrechtliche Verhandlung über die vom Standpunkte des Bergbaubetriebes etwa notwendig werdenden Vorkehrungen zu provozieren, besteht nicht" (Erkenntnis vom 12. Oktober 1889, Zahl 3287, Nr. 4874).

4. Da die Zuziehung eines Bergbauverständigen zur kommissionellen Verhandlung gesetzlich nicht vorgeschrieben erscheint, so kann in der Unterlassung der Zuziehung desselben zur kommissionellen Verhandlung ein wesentlicher formeller Mangel nicht erkannt werden. Wenn sich die Beschwerde auf die Bestimmung des § 25, Abs. 1 B. O. (für Schlesien) beruft, nach welcher ein Bau zu untersagen ist, wenn aus öffentlichen Rücksichten dagegen begründete Bedenken bestehen, so war dieser Ausführung gegenüber zu erinnern, daß die Wahrnehmung öffentlicher Rücksichten im freien Ermessen der Baubehörde gelegen ist und daß eine Privatpartei zur Geltendmachung dieser nicht berufen erscheint. Für den Beschwerdepunkt, daß der Konsens selbst ohne Zuziehung und Einvernahme der zuständigen Bergbehörde erteilt wurde, läßt sich eine gesetzliche Bestimmung nicht anführen, da weder durch die Bauordnung, noch auch durch das Berggesetz vorgeschrieben erscheint, daß die Baubehörde einen Konsens zu einem Baue über verliehenen Grubenmassen nur im Einvernehmen mit der Bergbehörde zu erteilen berechtigt wäre (§ 102 Abs. 7 B. O.) (Erkenntnis vom 2. Juli 1892, Zahl 2153, Nr.6714).

5. Aus den Administrativakten geht hervor, daß der vernommene Bergbauverständige angegeben hat, daß durch den in einer Tiefe von 369 m zum Vollzuge gelangenden Abbau des 8—10 m mächtigen Steinkohlenflötzes nach den gemachten

lokalen Wahrnehmungen und Erfahrungen eine Deformation der Erdoberfläche in sicherer Aussicht stehe, weshalb er die Errichtung eines Wohngebäudes auf der in Frage stehenden Grundparzelle aus Rücksichten für die Sicherheit der Personen und des Eigentums nicht für zulässig halte. Der Verwaltungsgerichtshof war der Ansicht, daß die Baubehörden, welchen die Beurteilung der Zulässigkeit einer Bauführung aus öffentlichen, mithin auch aus Sicherheitsrücksichten zusteht, berechtigt waren, ihren diesfälligen Abspruch auf dieses Gutachten zu stützen. Der vom Beschwerdeführer bei der Baukommission erklärte Verzicht auf eventuelle private Schadensersatzansprüche ist selbstverständlich nicht geeignet, die Baubehörde der oben gedachten Obliegenheit zu entheben. Auf die Einwendung der Beschwerde, daß möglichen Gefahren durch die Belassung von Schutzpfeilern begegnet werden könnte, hatte der Verwaltungsgerichtshof nach § 3 lit. e des Gesetzes vom 22. Oktober 1875 nicht einzugehen, weil die Frage, ob die angesuchte Bauführung anläßlich ihrer möglichen Gefährdung durch die infolge des Bergbaubetriebes in Aussicht stehende Deformation gegen Ausführung von Sicherheitsvorkehrungen zu genehmigen oder zu untersagen war, dem freien Ermessen der Baubehörde anheimfällt (Erkenntnis vom 5. Mai 1894, Zahl 1763, Nr. 7883).

6. Von der Beschwerdeführerin wurde weder bei der Baukommission noch im weiteren Zuge des Administrativverfahrens behauptet, daß der projektierte Neubau schon nach dem dermaligen Stande des Abbaues in dem genannten Grubenfelde gefährdet wäre, daß also ein Fall vorliegen würde, in welchem die Baubehörden zur Wahrung öffentlich-rechtlicher Momente von Amts wegen vorzugehen hätten. Der Verwahrung liegt vielmehr die Annahme zugrunde, daß eine solche Gefährdung durch das weitere Fortschreiten des Abbaues eintreten und daher zu Einschränkungen des Bergbaubetriebes und eventuell zu größeren künftigen Schadensersatzleistungen Anlaß geben

könnte. Daß die Bewilligung des Baues eventuell zu Einschränkungen in der Ausübung der mit der Bergbauberechtigung verbundenen Rechte, oder aber dazu führen kann, daß der Bergbauunternehmer im Sinne des § 106 a. B. G. zu Schadensersätzen verpflichtet wird, ist allerdings richtig. Allein diese Eventualitäten hindern die Baubehörde nicht an der Erteilung des Baukonsenses, da weder das Bergrecht, noch die Bauordnung ein allgemeines Bauverbot zugunsten verliehener Grubenmassen enthalten. Die Baubehörde kann aber auch nicht berufen erkannt werden, in dem Widerstreite der Interessen des Eigentümers der Oberfläche einerseits und des Bergbauunternehmers andererseits eine Entscheidung zu fällen, weil die aus diesem Widerstreite sich ergebenden Rechtsbeziehungen privatrechtlicher Natur sind (§§ 2 und 40 a. B. G.), deren Regelung dem Zivilrichter vorbehalten bleiben muß und durch die Entscheidung auch wirklich vorbehalten wurde. Die erhobene Einwendung der Mangelhaftigkeit des Verfahrens wegen unterlassener Beiziehung der Bergbehörde und eines Bergbausachverständigen zur Baukommission ist unbegründet, weil § 35 Absatz 1 der Bauordnung nicht auch die Beiziehung der Bergbehörde und eines Bergbausachverständigen vorschreibt, deren Beiziehung im vorliegenden Falle nicht erforderlich erscheine, weil es sich nicht um einen Bau auf einem schon jetzt bedrohten Grunde handelt (Erkenntnisse vom 3. Mai 1895, Zahl 2290, Nr. 8634 und vom gleichen Tage, Zahl 2291, Nr. 8635).

7. Die dem Beschwerdeführer aus dem Bergwerkseigentum zustehenden Rechte und die darauf gegründeten Ansprüche gegen die projektierte Bauführung, sowie die Verwahrung gegen allfällige Schadensersatzansprüche des Bauführers sind Einwendungen privatrechtlicher Natur (Erkenntnis vom 22. Mai 1895, Zahl 2608, Nr. 8687).

8. Daß der kommissionellen Verhandlung ein Montanexperte nicht zugezogen worden ist, obschon der Bau oberhalb

von Grubenfeldern geführt werden soll und seitens des Bergwerksbesitzers die daraus erwachsenden Gefahren geltend gemacht worden sind, ist kein Mangel des Verfahrens, weil der § 23 B. O. für Schlesien vom Jahre 1883 die sofortige Zuziehung eines Montanexperten nicht vorschreibt (Erkenntnis vom 14. November 1895, Zahl 5300, Nr. 9012).

9. Die nicht erfolgte Beiziehung eines Bergbausachverständigen ist kein Mangel des Verfahrens. Da die Beschwerdeführer aus ihren Bergbaurechten das Recht, gegen die Bauführung der projektierten Neubauten Einsprache zu erheben, weder aus der Bauordnung, noch aus dem allgem. Berggesetze (und zwar speziell aus dem § 106 desselben) ableiten können und auch einen Spezialrechtstitel für ein solches Untersagungsrecht nicht geltend gemacht haben, so kann auch die vorerwähnte, allgemein gehaltene Einwendung der Beschwerdeführer als eine besondere, für sich bestehende privatrechtliche Einwendung nicht angesehen werden (Erkenntnis vom 13. Dezember 1895, Zahl 5921, Nr. 9121).

10. Die Ansicht der Beschwerde, daß gegen den Widerspruch eines Bergwerksunternehmers die Konsentierung von Baulichkeiten ob verliehenen Grubenmassen unzulässig ist, ist offenbar irrig, da eine derartige Bestimmung nicht nur nicht besteht, sondern aus der Bestimmung des § 106 vielmehr hervorgeht, daß Baubewilligungen auf verliehenen Grubenmassen ganz wohl erteilt werden können. Übrigens hat die Baubehörde die diesfälligen Ansprüche des Beschwerdeführers dadurch vollständig gewahrt, daß sie die auf das Eigentum gestützten Einwendungen desselben auf den Rechtsweg verwiesen hat (Erkenntnis vom 28. Mai 1897, Zahl 3071, Nr. 10 762)

11. Ob ein Bergbausachverständiger der Kommission beizuziehen ist, liegt allerdings in dem Ermessen der entscheidenden Baubehörde, da im § 35 der Bauordnung die Beiziehung eines solchen nicht ausdrücklich vorgeschrieben, sondern lediglich die Beiziehung eines Bauverständigen angeordnet

ist. Ob aber die Erhebungen für die Beurteilung der bei Baubewilligungen nach der Bauordnung in Betracht kommenden Fragen ausreichend waren, unterliegt gemäß § 6 des Gesetzes vom 22. Oktober 1875, R. G. Bl. Nr. 36 ex 1876 der Prüfung durch den Verwaltungsgerichtshof. — Außerdem kann der Bergwerksbesitzer durch die Konsentierung eines Baues auf einer durch seinen Bergbaubetrieb unterfahrenen Fläche einer Gefahr für sein Bergwerkseigentum unmittelbar ausgesetzt werden, sofern die Belastung des Grundes durch ein Gebäude einen Einsturz herbeiführen kann. Der Bergwerksbesitzer hat also einen Anspruch darauf, daß bei konstatiertem Mangel der erforderlichen Bausicherheit und Tragfähigkeit des Grundes die Baubewilligung verweigert werde, zumal § 47 der Bauordnung ausdrücklich vorschreibt, daß die Bewilligung zur Erbauung neuer Wohngebäude zu versagen ist, wo die Baustelle durch Wassergefahr, Bergrutschungen, Steinablösungen oder andere Gefahren bedroht ist (Erkenntnis vom 15. Dezember 1900, Zahl 8822, Nr. 14 949).

12. Über die Einwendung der mangelnden Tragfähigkeit des Baugrundes haben die Baubehörden, insoweit öffentliche Rücksichten in Betracht kommen, zu entscheiden, und zwar haben dieselben mit Rücksicht darauf, daß die Experten und insbesondere der montanistische Sachverständige zwar Beschädigungen an dem Gebäude infolge der Einwirkungen des Bergbaues nicht für ausgeschlossen, keineswegs aber das Leben der künftigen Bewohner des Hauses für gefährdet erachteten, die Bauführung unter Einhaltung gewisser, dem Bauwerber gestellter Bedingungen gestattet. Die weitere Einwendung der Beschwerdeführerin, daß ihr eventuell im Hinblick auf § 106 a. B. G. Schadensersatzleistungen gegenüber dem Bauführer auferlegt werden könnten, fällt außerhalb des Bereiches der von den Baubehörden zu wahrenden und ihrer Entscheidung unterliegenden öffentlichen Rücksichten. Sie fällt vielmehr in das Gebiet des Privatrechtes und mußte daher

auf den Rechtsweg gewiesen werden, konnte also auch den Baubehörden keinen Anlaß geben, noch weitere Erhebungen zu pflegen (Erkenntnis vom 19. Dezember 1903, Zahl 13 089, Nr. 2227).

13. Die Gewerkschaft hat gegen die projektierte Bauführung aus dem Grunde Einspruch erhoben, weil sie bereits früher um Grundüberlassung angesucht hat. Mit dieser Einwendung hat die Gewerkschaft das ihr aus dem Bergwerkseigentum fließende Recht auf eventuelle zwangsweise Überlassung gegen angemessene Schadloshaltung der zum Bergbaubetriebe benötigten Grundstücke den dem Bauführer aus dem Eigentum an Grund und Boden zustehenden Rechten gegenübergestellt und will nun daraus das Recht ableiten, gegen die projektierte Bauführung Einsprache zu erheben. Diese Ansicht kann aber weder aus den Bestimmungen der Bauordnung, noch aus dem Berggesetze stichhaltig begründet werden. Der hier maßgebenden böhmischen Bauordnung vom 18. Januar 1889, L. G. Bl. Nr. 5 ist eine diesfällige Bestimmung vollkommen fremd, da dieselbe den Baubehörden eine Ingerenz nur auf solche öffentliche Rücksichten einräumt, die in dieser Bauordnung angedeutet werden (Bausystem, allgemeine Sicherheitsrücksichten, Feuersicherheits-, Sanitäts-, Verkehrs-, ästhetische und militärische Rücksichten). Aus den Bestimmungen des Berggesetzes läßt sich aber die von der Beschwerde gewollte Beschränkung des Eigentums der Grundoberfläche nicht ableiten. Denn aus den Bestimmungen der §§ 106 und 107 folgt, daß Bauführungen innerhalb eines Grubenfeldes selbst nach dessen Verleihung vollkommen zulässig sind und daß die Beschränkung des Eigentümers obertags nur dahin festgestellt ist, daß er die Baubewilligung einholen muß. Im übrigen ist diese Entscheidung gleichlautend mit dem Erkenntnisse vom 12. Oktober 1889 (Erkenntnis vom 23. Dezember 1903, Zahl 12 751, Nr. 2233).

14. Betreffs des Erkenntnisses vom 23. Februar 1906,

Zahl 776, Nr. 4202 wird in der Sammlung Budwinsky auf die früheren Erkenntnisse 2227 u. f. verwiesen.

15. Die Baubehörde kann die Zulässigkeit des ihr vorliegenden Bauprojektes aus den von dem Bergbaueigentümer geltend gemachten rechtlichen Momenten umsoweniger ihrer Prüfung unterstellen, als aus der Bestimmung des § 106 a. B. G. sich ergibt, daß die Überlagerung von Grundflächen mit Grubenfeldern zunächst an und für sich das Dispositionsrecht des Grundeigentümers betreffs der Verbauung der Grundfläche nicht beschränkt und in anderen Rechtsbeziehungen als jenen, welche durch die Verleihung des Grubenfeldes zwischen dem Grundbesitzer und dem Bergbauunternehmer geschaffen worden sind, steht zunächst und insbesondere insolange der bergrechtliche Enteignungsanspruch vor den kompetenten Behörden nicht als berechtigt erkannt wurde, der Bergbauunternehmer zum Eigentümer der Grundfläche nicht (Erkenntnis vom 15. Oktober 1907, Zahl 9255, Nr. 5422).

16. Die meritorische Grundlage der gegen das Verfahren gerichteten Einwendung bildet die Behauptung, daß das Terrain, dessen Verbauung beabsichtigt wurde, eine stark abfallende Lehne darstelle, die sich in Rutschung und steter Bewegung befinde, und da es überdies bereits unterbaut sei, zur Verbauung ungeeignet erscheine. Nun kann aber dem Grubenbesitzer im Hinblicke auf die Vorschrift des § 106 a. B.G. nicht das Recht zuerkannt werden, wegen allfälliger, etwa in Zukunft auftretenden Schadenersatzverpflichtungen die Disposition mit der über dem ihm verliehenen Grubenfelde befindlichen Oberfläche zu verbieten, insbesondere etwa die Verwendung derselben zu Bauzwecken zu untersagen. Eben deshalb kann auch die obige, bei einer kommissionellen Verhandlung von der Beschwerdeführerin gegen die Anerkennung der Verbaubarkeit des Grundes wegen der Unsicherheit des Bodens vorgebrachte Einwendung nicht als der Ausfluß eines ihr zukommenden subjektiven Rechtes, über welches die Bau-

behörde zu erkennen hätte, angesehen werden; vielmehr hat diese Einwendung lediglich die Bedeutung eines Hinweises auf gewisse faktische Verhältnisse, welche die Behörden nach freiem Ermessen zu würdigen haben (Erkenntnis vom 6. März 1908, Zahl 2352, Nr. 5798).

17. Gemäß § 35 der Bauordnung für Böhmen sind, insofern es sich um Bauführungen über bereits verliehene Grubenfelder handelt, die betreffenden Bergbaubesitzer ebenso wie die Anrainer zu den Kommissionsverhandlungen beizuziehen. Gemäß § 47 ist im allgemeinen die Bewilligung zur Erbauung neuer Wohngebäude dort zu versagen, wo die Baustelle durch große Wassergefahr, Erdrutschungen, Steinablösungen oder andere Gefahren bedroht ist, oder wo die abseitige Lage, Feuersicherheits-, Sanitäts-, oder andere öffentliche Rücksichten dagegen gegründete Bedenken erregen. Die Anwendung dieser Bestimmungen zu verlangen, sind die im § 35 bezeichneten Parteien legitimiert, wenn sie solche Umstände behaupten, aus welchen sich die im § 47 angeführten Gefahren und Bedenken ergeben und wenn diese Gefahren und Bedenken auch für ihre eigenen Rechte und Interessen Beeinträchtigungen hervorzurufen geeignet sind (Erkenntnis vom 1. Mai 1908, Zahl 4241, Nr. 5934).

18. Unter den sonstigen, zur Erhebung von Einwendungen legitimierenden Interessen können nur Interessen verstanden werden, welche durch die Anwendung der von den Baubehörden zu handhabenden Bauordnung selbst ihre Lösung finden können, also Einwendungen, welche einen Konflikt des Bauvorhabens mit den im Rahmen der Bauordnung zu wahrenden Rücksichten, aber zugleich auch ein individuelles Interesse des Einsprechers an der Wahrung dieser Rücksichten in der Art geltend machen, daß ihre unmittelbare Rückwirkung auf sein Eigentum substanziert erscheint. Demzufolge ist als am Bauvorhaben interessiert auch der Bergbauberechtigte anzuerkennen und ihm die Legitimation zu Einwendungen aus den Bestimmungen der Bauordnung insoweit zuzuerkennen, als

diese Einwendungen die Anwendung der baurechtlichen Vorschriften auf das Bauvorhaben zwecks Hintanhaltung der sonst dem Bergwerksobjekte selbst oder den im Bergbaue beschäftigten Personen aus der Beschaffenheit des projektierten Baues, zum Beispiel insbesondere deshalb drohenden Gefahren und Beschädigungen intendieren, weil wegen des bis unter die Baustelle vorgeschrittenen Bergbaubetriebes die Tragfähigkeit des Baugrundes und damit die Baubeständigkeit des projektierten Baues in Frage gestellt ist und dadurch das Bergwerk und die in demselben beschäftigten Personen gefährdet sind. Damit ist aber das eigene Interesse des Bergbauberechtigten erschöpft, daher ihm die Legitimation zu derartigen Einwendungen, sofern sie dem projektierten Bau selbst drohende Gefahren hintanzuhalten intendieren, mangels eigenen Interesses des Einsprechers abgeht. Einwendungen endlich, welche daraus abgeleitet werden wollen, daß durch das zu errichtende Gebäude das Fortschreiten des Abbaues nachteilig beeinflußt werden könnte, sei es, daß der Bergbauunternehmer eventuelle Beschränkungen in der Fortsetzung des Bergwerksbetriebes im Interesse der Sicherheit des Gebäudes, sei es Schadloshaltungsansprüche wegen Beschädigung des Gebäudes durch Fortsetzung des Bergwerksbetriebes zu gewärtigen hat, also Einwendungen aus der Kollision bergrechtlicher Befugnisse mit denen des Grundeigentümers in Hinsicht auf die Art der Benützung seines Eigentums (§§ 354 und 362 a. b. G. B.) können dem Vorentwickelten zufolge im baurechtlichen Verfahren nur zwecks Herbeiführung einer gütlichen Vereinbarung, nicht aber zwecks ihrer Austragung im baurechtlichen Verfahren, das ist durch die mit der Handhabung der Bauvorschriften betrauten, aber auch darauf beschränkten Baubehörden erhoben werden. - Daher sind auch im Bauverfahren unzulässig Beweisanträge zwecks Feststellung eines, diese Kollision begründenden Tatbestandes (Erkenntnis vom 1. Juli 1908, Zahl 6567, Nr. 6100).

19. Hierauf ist zu bemerken, daß die diesen Behauptungen zugrunde liegende Auffassung, wonach der Besitzer eines verliehenen Grubenfeldes von der Stellung eines Interessenten im Verfahren zur Prüfung der Zulässigkeit eines über seinem Grubenfelde auszuführenden Baues grundsätzlich ausgeschlossen wäre, sich als rechtsirrtümlich erweist, da nach den Bestimmungen der §§ 28, 31 und 102, Abs. 7 schlesische Bauordnung vom 2. Juni 1883, L. G. Bl. Nr. 26 im Verfahren über die Zulässigkeit eines Baues außer den beim Bauvorhaben beteiligten Nachbarn alle sonstigen Interessenten beizuziehen sind, außerdem aber das Verfahren, wenn es sich um die Zulässigkeit eines Baues über einem Grubenfelde handelt, durch die zur Wahrung der Interessen des Bergbaues berufene politische Bezirksbehörde zu führen ist (Erkenntnis vom 24. September 1908, Zahl 8997, Nr. 6149).

20. In der Beschwerde wird ausgeführt, daß das Bauterrain sich infolge des durchgeführten Abbaues von sieben Flözen noch in Bewegung befinde, nicht beruhigt sei, und im Verlaufe des nächsten Jahres, also im Jahre 1908 der Abbau des mächtigen Flözes neuerlich stark in Bewegung kommen müsse, so daß es für Bauzwecke tatsächlich untauglich sei. Die zu erwartende, ganz bedeutende Senkung zufolge des Pfeilerabbaues des Flötzes würde erst in mehreren Jahren als beendigt zu betrachten sein. Mit Rücksicht auf die große Zahl und Mächtigkeit der abgebauten Flöze und die verhältnismäßig geringe Überlagerung sei keine Gewähr für Eigentum und Leben der Inwohner vorhanden.

Die Beschwerde rügt ferner die Mangelhaftigkeit des durchgeführten Verfahrens, weil der kommissionellen Verhandlung über die Zulässigkeit des Baues kein montanistischer Sachverständiger beigezogen, die späterhin infolge des Statthaltereirekurses der beschwerdeführenden Gewerkschaft erfolgte Einvernehmung des Revierbergamtes nicht in Gegenwart der Parteien erfolgt und die im Ministerialrekurse der beschwerdeführenden Gewerkschaft gestellten Beweisanträge über die Neigung des Terrains zum Rutschen durch geologische Untersuchungen nicht erledigt worden seien.

Der Verwaltungsgerichtshof hat sich bei der Entscheidung der Beschwerde von der Erwägung leiten lassen, daß die Einwendungen der beschwerdeführenden Gewerkschaft gegen den erteilten Baukonsens ausschließlich die Besorgnis zum Ausdrucke bringen, es könnte die beschwerdeführende Gewerkschaft infolge der Errichtung des projektierten Gebäudes gewissen Betriebsbeschränkungen und Ersatzleistungen unterworfen werden.

Die Bauordnung für Schlesien vom 2. Juni 1883, L. G. Bl. Nr. 26 bietet nun keinen gesetzlichen Anhaltspunkt dafür, daß die Rücksicht auf die Möglichkeit schrankenloser Schadensersatzleistungen ausgesetzter Ausbeutung eines Bergbaues zu jenen öffentlichen Rücksichten baupolizeilicher Natur gehöre, welche durch Versagung des Baukonsenses auf Antrag der an dem Unterbleiben des Baues interessierten Bergbauunternehmung zu wahren seien. Die Baubehörden sind darum im vollen Rechte, wenn sie, wie dies auch im vorliegenden Falle geschehen ist, eine Einwendung solchen Inhalts, als jeder Beziehung auf das von ihnen zu wahrende öffentliche baupolizeiliche Interesse entbehrend, zurückweisen und soweit sie der Geltendmachung privatrechtlicher Ansprüche dienen, auf den Rechtsweg verweisen.

Zur Geltendmachung von Besorgnissen für die Sicherheit des zu errichtenden Gebäudes und seiner Bewohner konnte aber die beschwerdeführende Gewerkschaft nicht legitimiert erachtet werden.

Da nun die Beschwerdepunkte, welche die Mangelhaftigkeit des Verfahrens betreffen, alle darauf abzielen, über die Frage der Sicherheit des projektierten Baues und seiner Bewohner, zu deren Wahrung die beschwerdeführende Gewerkschaft nicht legitimiert ist, eine verläßlichere Erhebung herbeizuführen, als es nach Anschauung der beschwerdeführenden Gewerkschaft die durchgeführte Erhebung gewesen ist, so entfiel für den Verwaltungsgerichtshof die Notwendigkeit, auf die Prüfung einzugehen, ob die behaupteten Mängel wirklich unterlaufen seien (Erkenntnis vom 7. April 1909, Zahl 2777).

21. In der Beschwerde ist an keiner Stelle davon die Rede, daß durch die Errichtung eines Gebäudes auf der, den Gegenstand der bewilligten Abteilung bildenden Grundparzelle eine Gefährdung der Sicherheit ihrer unter dieser Parzelle betriebenen Bergwerksanlage oder der darin beschäftigten Personen wird herbeigeführt werden. Vielmehr zieht sich durch die ganze umständliche Beschwerde nur der eine Grundgedanke durch, daß durch die Bewilligung von Bauten oberhalb eines Grubenfeldes der Spekulation Tür und Tor geöffnet werde, sofern solche Bauten nur darum errichtet würden, um bei einer infolge des Bergwerksbetriebes herbeigeführten Beschädigung mit Ersatzansprüchen an jene Bergwerksunternehmungen heranzutreten, durch deren Betrieb der Schaden hervorgerufen wird. Für den Verwaltungsgerichtshof mußte die rechtliche Erwägung ausschlaggebend sein, daß die schlesische Bauordnung keine einzige Bestimmung enthält, welche gestatten würde, einen behördlicher Bewilligung bedürftigen baulichen Akt einer Partei darum als vom öffentlichen baupolizeilichen Standpunkte aus unzulässig zu erklären, weil durch die Benützung der Bewilligung eine Bergbauunternehmung Betriebseinschränkungen oder Schadensersatzansprüchen ausgesetzt werden könnte (Erkenntnis vom 7. April 1909, Zahl 2941).

22. Der technische Sachverständige hat laut Kommissionsprotokolles die Baustelle für geeignet und den projektierten Anbau in baupolizeilicher Beziehung für zulässig erklärt. Andererseits hat der Bergbausachverständige in seinem Gutachten mit Rücksicht auf den gegenwärtigen Stand des unter-

irdischen Kohlenabbaues vom Standpunkte der Wirkungen dieses Abbaues keine solche Deformation der Erdoberfläche in Aussicht gestellt, daß bezüglich des geplanten Anbaues Gefahren für die Sicherheit der Personen bzw. der Bewohner und des Eigentums bei Einhaltung der Konsensbedingungen zu besorgen wären.

Dabei wurde bemerkt, daß es zwar nicht ausgeschlossen sei, daß die Wirkung des Abbaues größere Risse in dem Mauerwerke des aufzuführenden Baues verursachen könnte, dagegen scheine eine Gefahr, daß die Senkungen plötzlich ruckweise vor sich gehen würden und eine katastrophale Wirkung herbeiführen könnten, bei Durchführung der vom Staatstechniker beantragten Maßregeln ausgeschlossen zu sein.

Der Verwaltungsgerichtshof hat die Einwendung, daß die in Frage stehende Baufläche ein Rutschterrain bilde, welches überdies durch seinen Feuchtigkeitsgehalt die Festigkeit des Bodens beeinträchtige, wegen mangelnder Legitimation des Beschwerdeführers zurückgewiesen, denn dem Beschwerdeführer als Grubenbesitzer kann, wie bereits im Erkenntnisse des V. G. H. vom 6. März 1908, Z. 2352 über eine ähnliche Angelegenheit angeführt wurde, etwa im Hinblicke auf die Bestimmung des § 106 des BergG. nicht das Recht zuerkannt werden, wegen allfälliger, ihn möglicherweise in der Zukunft treffender Schadenersatzverpflichtungen die Disposition mit der über dem ihm verliehenen Grubenfelde befindlichen Oberfläche zu verbieten, insbesondere etwa die Verwendung derselben zu Bergbauzwecken zu untersagen. Die Einwendungen gegen die Verbaubarkeit des Bodens erscheinen nicht als Ausfluß eines ihm zukommenden subjektiven Rechtes, sondern können lediglich zur Grundlage amtswegiger Erhebungen der Behörde über die Statthaftigkeit des Baues aus öffentlichen Rücksichten dienen, und es kann in der Nichtberücksichtigung derselben eine Verletzung subjektiver Rechte im Sinne des § 2 des Gesetzes vom 22. Oktober 1875, R. G. Bl. Nr. 36 ex

1876, nicht erblickt werden (Erkenntnis vom 26. April 1909, Nr. 6196 ex 1908).

23. Das Erkenntnis vom 24. September 1909, Nr. 8366 betrifft eine Bauführung auf verliehenen Grubenmassen, ohne in der rechtlichen Frage selbst eine Entscheidung zu treffen, weil diesfällige Einwendungen nicht vorgelegen waren.
